现代仪器分析研究性案例精选

蔡晓庆 编著

科学出版社

北京

版权所有，侵权必究

举报电话：010-64030229，010-64034315，13501151303

内 容 简 介

本书设计的研究性案例汇集温州大学化学与材料工程学院教学科研一线教师的科研成果，从研究者实际研究过程中的难点、热点问题入手，以解决问题为主线，将仪器的组成、原理与步骤贯穿其中，既是科研成果的报道，又注重知识的传播与技能的培养，集实用性、趣味性和创新性于一体。内容包括红外光谱仪、单晶 X-射线衍射仪、粉末 X-射线衍射仪等共 18 章，其中每个研究性案例都是相对独立的。

本书可以作为高等学校化学及相关专业本科生和研究生的现代仪器分析实验教材，也可以作为材料、化工、环境等方面的科研工作者或分析测试研究所技术人员的参考用书。

图书在版编目（CIP）数据

现代仪器分析研究性案例精选 / 蔡晓庆编著. —北京：科学出版社，2018.11

ISBN 978-7-03-058533-2

Ⅰ. ①现⋯ Ⅱ. ①蔡⋯ Ⅲ. ①仪器分析-案例 Ⅳ. ①O657

中国版本图书馆 CIP 数据核字（2018）第 187286 号

责任编辑：吉正霞 / 责任校对：董艳辉
责任印制：彭 超 / 封面设计：苏 波

科学出版社 出版
北京东黄城根北街 16 号
邮政编码：100717
http://www.sciencep.com

武汉市首壹印务有限公司 印刷
科学出版社发行 各地新华书店经销

*

2018 年 11 月第 一 版　开本：B5（720×1000）
2018 年 11 月第一次印刷　印张：10 1/2
字数：207 000
定价：48.00 元
（如有印装质量问题，我社负责调换）

《现代仪器分析研究性案例精选》编委会

主　　编：蔡晓庆

副主编：胡茂林　刘洪鑫　张景峰

编　　委：（以汉语拼音为序）

蔡晓庆　陈　庆　董幼青　胡茂林　金辉乐

刘爱丽　刘海涛　刘洪鑫　刘楠楠　马德琨

缪　谦　沈　燕　王成俊　许晓红　叶明德

翟兰兰　张景峰　张礼杰　张伟明

前　言

　　人类进入 21 世纪以来，科学技术的高速发展引发了各领域的变革和革命，现代仪器分析领域也得到巨大的进步，很多传统的仪器分析方法都得到了改进和提高，同时也出现了一些新的仪器分析技术和方法。作为现代科学技术的"眼睛"，仪器分析方法在材料、化学、化工及其相关领域都具有极其重要的地位，仪器分析方面的新技术和新方法对相关领域的实验教学和科学研究也非常重要。本书根据分析化学及其相关学科的特点和最新发展动向，编录了各种重要的仪器分析方法，既涵盖了仪器分析的基本原理，又加入了研究性案例，便于读者学习和参考。

　　本书共编入 18 章，内容包括：傅里叶变换红外光谱仪及其研究性案例、离子色谱仪及其研究性案例、XRD 粉末衍射仪及其研究性案例、高效液相色谱仪及其研究性案例、物理吸附仪及其研究性案例、电化学工作站及其研究性案例、气相色谱-质谱联用技术及其研究性案例、核磁共振波谱仪及其研究性案例、场发射扫描电子显微镜及其研究性案例、电感耦合等离子体原子发射光谱仪及其研究性案例、紫外-可见分光光度计及其研究性案例、原子吸收分光光度计及其研究性案例、原子荧光分光光度计及其研究性案例、差示扫描量热仪及其研究性案例、X 射线单晶衍射仪及其研究性案例、激光拉曼光谱仪及其研究性案例、荧光光度计及其研究性案例、AutoDock 4.0 软件及研究性案例。书中涉及的研究性案例均来自温州大学化学与材料工程学院师生的科研成果，内容与实际紧密相连，研究方法新颖且具有代表性。

　　本书的作者都是温州大学化学与材料工程学院教学科研第一线的具有丰富实践经验的老师，具体分工如下：蔡晓庆、翟兰兰编写第 1 章，陈庆、张伟明编写第 2 章，蔡晓庆、张景峰、刘海涛编写第 3 章，蔡晓庆、沈燕、王成俊编写第 4 章，蔡晓庆、刘楠楠、金辉乐编写第 5 章，蔡晓庆、缪谦编写第 6 章，刘洪鑫编写第 7、8 章，张景峰编写第 9 章，蔡晓庆、陈庆、张伟明编写第 10 章，蔡晓庆、马德琨编写第 11 章，蔡晓庆、叶明德、刘爱丽编写第 12、13 章，蔡晓庆、许晓红、翟兰兰编写第 14 章，胡茂林、蔡晓庆编写第 15、17、18 章，张礼杰、董幼青编写第 16 章，刘洪鑫编写附录，全书由蔡晓庆统稿。

本书在编写过程中,得到了温州大学校级教材建设项目的支持,得到了温州大学化学与材料工程学院领导以及其他许多老师和学生的热情帮助,在此向所有支持者表示衷心的感谢。

由于编者学术水平有限,书中难免存在不当之处,恳请有关专家和读者不吝指正。

作 者

2018 年 7 月 8 日于温州大学

目 录

前言
第 1 章 傅里叶变换红外光谱仪及其研究性案例 /1
- 1.1 傅里叶变换红外光谱仪的基本原理 /2
- 1.2 EQUINOX 55 傅里叶变换红外光谱仪简介 /2
- 1.3 EQUINOX 55 傅里叶变换红外光谱仪在确定高分子官能团中的应用 /3
  - 1.3.1 研究背景与意义 /3
  - 1.3.2 实验准备与过程 /3
  - 1.3.3 实验数据与结果 /5
  - 1.3.4 实验关键与讨论 /6

第 2 章 离子色谱仪及其研究性案例 /8
- 2.1 离子色谱仪的基本原理 /9
- 2.2 ICS-1000 离子色谱仪简介 /9
- 2.3 ICS-1000 离子色谱仪在测定溶液中氯离子浓度中的应用 /11
  - 2.3.1 研究背景与意义 /11
  - 2.3.2 实验准备与过程 /11
  - 2.3.3 实验数据与结果 /12
  - 2.3.4 实验关键与讨论 /13

第 3 章 XRD 粉末衍射仪及其研究性案例 /14
- 3.1 XRD 粉末衍射仪的基本原理 /15
- 3.2 D8 Advance 型 XRD 粉末衍射仪简介 /15
- 3.3 D8 Advance 型 XRD 粉末衍射仪在测定荧光粉物相中的应用 /16
  - 3.3.1 研究背景与意义 /16
  - 3.3.2 实验准备与过程 /17
  - 3.3.3 实验数据与结果 /18
  - 3.3.4 实验关键与讨论 /19

第 4 章 高效液相色谱仪及其研究性案例 /21
- 4.1 高效液相色谱仪的基本原理 /22
- 4.2 LC-100 高效液相色谱仪简介 /22
- 4.3 LC-100 高效液相色谱仪在测定水环境中邻苯二甲酸二丁酯中的应用 /24

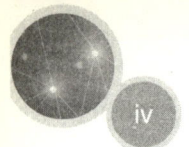

　　　4.3.1　研究背景与意义 / 24
　　　4.3.2　实验准备与过程 / 24
　　　4.3.3　实验数据与结果 / 25
　　　4.3.4　实验关键与讨论 / 27

第 5 章　物理吸附仪及其研究性案例 / 28

5.1　物理吸附仪的基本原理 / 29
5.2　ASAP2020 物理吸附仪简介 / 30
5.3　ASAP2020 物理吸附仪在确定电极材料比表面积及孔径中的应用 / 31
　　　5.3.1　研究背景与意义 / 31
　　　5.3.2　实验准备与过程 / 31
　　　5.3.3　实验数据与结果 / 33
　　　5.3.4　实验关键与讨论 / 34

第 6 章　电化学工作站及其研究性案例 / 35

6.1　电化学工作站的基本原理 / 36
6.2　电化学工作站简介 / 36
6.3　电化学伏安法在确定小分子抗癌药物与小牛胸腺 DNA 相互作用中的应用 / 37
　　　6.3.1　研究背景与意义 / 37
　　　6.3.2　实验准备与过程 / 38
　　　6.3.3　实验数据与结果 / 39
　　　6.3.4　实验关键与讨论 / 42

第 7 章　气相色谱-质谱联用仪及其研究性案例 / 44

7.1　气相色谱-质谱的发展及基本原理 / 45
7.2　GC-MS-QP2010 Plus 气质联用仪简介 / 46
7.3　GC-MS-QP2010 Plus 气质联用仪在钯催化靛红酸酐与芳基硼酸脱羧偶联机理探究中的应用 / 47
　　　7.3.1　研究背景与意义 / 47
　　　7.3.2　实验准备与过程 / 48
　　　7.3.3　实验数据与结果 / 49
　　　7.3.4　实验关键与讨论 / 51

第 8 章　核磁共振波谱仪及其研究性案例 / 53

8.1　核磁共振波谱仪的基本原理 / 54
8.2　500 MHz 布鲁克核磁共振波谱仪简介 / 54
8.3　500 MHz 布鲁克核磁共振波谱仪在 1,3-二羰基化合物与靛红反应产物结构分析中的应用 / 56
　　　8.3.1　研究背景与意义 / 56

8.3.2　实验准备与过程 / 56
　　　8.3.3　实验数据与结果 / 59
　　　8.3.4　实验关键与讨论 / 61

第 9 章　场发射扫描电子显微镜及其研究性案例 / 62

　9.1　场发射扫描电子显微镜的基本原理 / 63
　　　9.1.1　扫描电子显微镜的物理学基础 / 63
　　　9.1.2　扫描电子显微镜的结构和工作原理 / 63
　9.2　JSM-6700F 冷场场发射扫描电子显微镜简介 / 64
　9.3　JSM-6700F 冷场场发射扫描电子显微镜在样品形貌及组分分析
　　　中的应用 / 66
　　　9.3.1　研究背景与意义 / 66
　　　9.3.2　实验准备与过程 / 66
　　　9.3.3　实验数据与结果 / 69
　　　9.3.4　实验关键与讨论 / 70

第 10 章　电感耦合等离子体原子发射光谱仪及其研究性案例 / 73

　10.1　电感耦合等离子体原子发射光谱仪的原理 / 74
　10.2　Optima 8000 ICP-OES 电感耦合等离子体原子发射光谱仪简介 / 74
　10.3　Optima 8000 ICP-OES 电感耦合等离子体原子发射光谱仪在测定溶液中
　　　　镁离子浓度中的应用 / 75
　　　10.3.1　研究背景与意义 / 75
　　　10.3.2　实验准备与过程 / 76
　　　10.3.3　实验数据与结果 / 77
　　　10.3.4　实验关键与讨论 / 78

第 11 章　紫外-可见分光光度计及其研究性案例 / 79

　11.1　紫外-可见分光光度计的基本原理 / 80
　11.2　岛津 UV-2501PC 紫外-可见分光光度计简介 / 80
　11.3　岛津 UV-2501PC 紫外-可见分光光度计在定量分析中的应用 / 81
　　　11.3.1　研究背景与意义 / 81
　　　11.3.2　实验准备与过程 / 82
　　　11.3.3　实验数据与结果 / 83
　　　11.3.4　实验关键与讨论 / 84

第 12 章　原子吸收分光光度计及其研究性案例 / 86

　12.1　原子吸收分光光度计的基本原理 / 87
　12.2　Z-5000 原子吸收分光光度计简介 / 87
　12.3　火焰原子吸收光谱法在测定柑橘中 6 种微量元素中的应用 / 88
　　　12.3.1　研究背景与意义 / 88

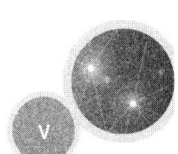

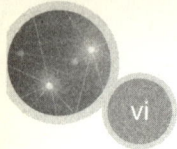

  12.3.2 实验准备与过程 /88
  12.3.3 实验数据与结果 /90
  12.3.4 实验关键与讨论 /91
 12.4 石墨炉原子吸收光谱法在测定儿童血铅中的应用 /91
  12.4.1 研究背景与意义 /91
  12.4.2 样品准备与过程 /92
  12.4.3 实验数据与结果 /93
  12.4.4 实验关键与讨论 /93
 12.5 氢化物发生原子吸收光谱法在测定样品中砷、铅含量中的应用 /94
  12.5.1 研究背景与意义 /94
  12.5.2 样品准备与过程 /94
  12.5.3 实验数据与结果 /96
  12.5.4 实验关键与讨论 /96

第 13 章 原子荧光分光光度计及其研究性案例 /97
 13.1 原子荧光分光光度计的基本原理 /98
 13.2 AF8420 原子荧光分光光度计简介 /98
 13.3 AF8420 原子荧光分光光度计在测定水产品中硒、汞中的应用 /100
  13.3.1 研究背景与意义 /100
  13.3.2 实验准备与过程 /100
  13.3.3 实验数据与结果 /101
  13.3.4 实验关键与讨论 /102
 13.4 SA-10 原子荧光形态分析仪简介 /103
 13.5 SA-10 原子荧光形态分析仪在测定水产品中硒形态的应用 /104
  13.5.1 研究背景与意义 /104
  13.5.2 实验准备与过程 /104
  13.5.3 实验数据与结果 /106
  13.5.4 实验关键与讨论 /107

第 14 章 差示扫描量热仪及其研究性案例 /109
 14.1 差示扫描量热仪的基本原理 /110
 14.2 DSC 8000 差示扫描量热仪简介 /110
 14.3 DSC 8000 差示扫描量热仪在测定复合材料相变焓中的应用 /111
  14.3.1 研究背景与意义 /111
  14.3.2 实验准备与过程 /112
  14.3.3 实验数据与结果 /113
  14.3.4 实验关键与讨论 /114

第 15 章　X 射线单晶衍射仪及其研究性案例 / 115

- 15.1　X 射线单晶衍射仪的基本原理 / 116
- 15.2　APEX Smart CCD X 射线单晶衍射仪简介 / 116
- 15.3　APEX Smart CCD X 射线单晶衍射仪在测定小分子化合物分子间弱作用力中的应用 / 117
  - 15.3.1　研究背景与意义 / 117
  - 15.3.2　实验准备与过程 / 117
  - 15.3.3　实验数据与结果 / 119
  - 15.3.4　实验关键与讨论 / 120

第 16 章　激光拉曼光谱仪及其研究性案例 / 121

- 16.1　激光拉曼光谱仪的基本原理 / 122
- 16.2　Renishaw inVia 激光拉曼光谱仪简介 / 122
- 16.3　Renishaw inVia 激光拉曼光谱仪在二维材料研究中的应用 / 123
  - 16.3.1　研究背景与意义 / 123
  - 16.3.2　实验准备与过程 / 124
  - 16.3.3　实验数据与结果 / 125
  - 16.3.4　实验关键与讨论 / 127

第 17 章　荧光分光光度计及其研究性案例 / 128

- 17.1　荧光分光光度计的基本原理 / 129
- 17.2　日立 F-2700 荧光分光光度计简介 / 129
- 17.3　日立 F-2700 荧光分光光度计在测定小分子化合物分子间弱作用力中的应用 / 130
  - 17.3.1　研究背景与意义 / 130
  - 17.3.2　实验准备与过程 / 130
  - 17.3.3　实验数据与结果 / 131
  - 17.3.4　实验关键与讨论 / 133

第 18 章　AutoDock 4.0 软件及其研究性案例 / 134

- 18.1　AutoDock 4.0 软件的基本原理 / 135
- 18.2　AutoDock 4.0 软件简介 / 135
- 18.3　AutoDock 4.0 软件在确定 5-氟尿嘧啶的衍生物与 DNA 分子构象中的应用 / 136
  - 18.3.1　研究背景与意义 / 136
  - 18.3.2　实验准备与过程 / 137
  - 18.3.3　实验数据与结果 / 139
  - 18.3.4　实验关键与讨论 / 140

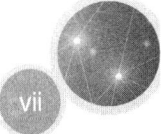

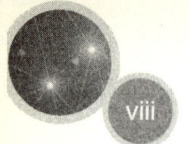

参考文献 / 141

附录 A　400MHz 中科牛津核磁共振波谱仪测试简介 / 146

　　A1　自动进样操作界面使用介绍 / 147

　　A2　手动进样操作流程介绍 / 148

附录 B　核磁数据分析处理软件简介 / 151

第 1 章

傅里叶变换红外光谱仪及其研究性案例

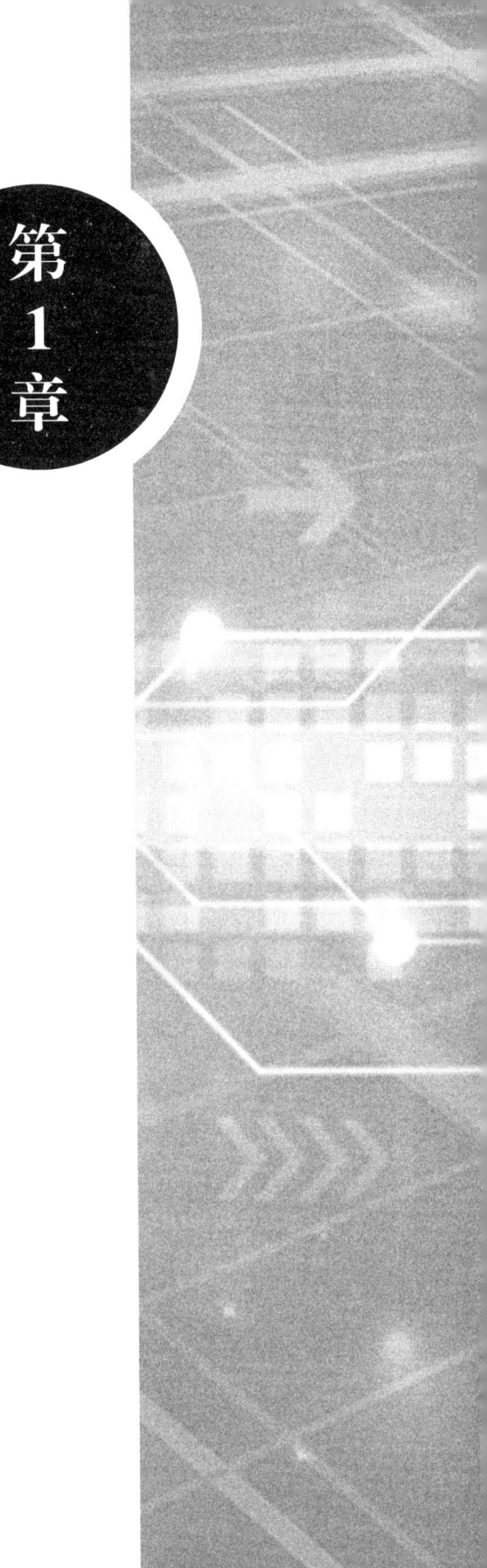

1.1 傅里叶变换红外光谱仪的基本原理

傅里叶变换红外光谱仪（Fourier transform infrared spectrometer，FTIR），简称为傅里叶红外光谱仪。它不同于色散型红外分光光度计，是基于对干涉后的红外光进行傅里叶变换的原理而开发的红外光谱仪，主要由红外光源、光阑、干涉仪（分束器、动镜、定镜）、样品室、检测器以及各种红外反射镜、激光器、控制电路板和电源组成。傅里叶变换红外光谱仪可以对样品进行定性和定量分析，广泛应用于医药化工、地矿、石油、煤炭、环保、海关、宝石鉴定、刑侦鉴定等领域。检测时，光源发出的光被分束器（类似半透半反镜）分为两束，一束经透射到达动镜，另一束经反射到达定镜。两束光分别经动镜和定镜反射再回到分束器，动镜以一恒定速度做直线运动，因而经分束器分束后的两束光形成光程差，产生干涉。干涉光在分束器会合后到达样品池，经过样品后含有样品信息的干涉光到达检测器，然后通过傅里叶变换对信号进行处理，最终得到透光率或吸光度随波数或波长的红外吸收光谱图。[1]

1.2　EQUINOX 55 傅里叶变换红外光谱仪简介

图 1.1 所示为 EQUINOX 55 傅里叶变换红外光谱仪（德国布鲁克公司），它具有高测量精度、高分辨率、高效率等优点。该红外光谱仪适用于有机化合物官能团的定性和结构分析以及无机矿物的定性分析（包括液体、气体、固体粉末及薄膜等）。红外光谱是解析物质结构强有力的工具，被广泛用来分析、鉴别物质，研究分子内部及分子之间的相互作用。红外光谱法具有很强的普适性，气、固、液体样品都可测试。[2]

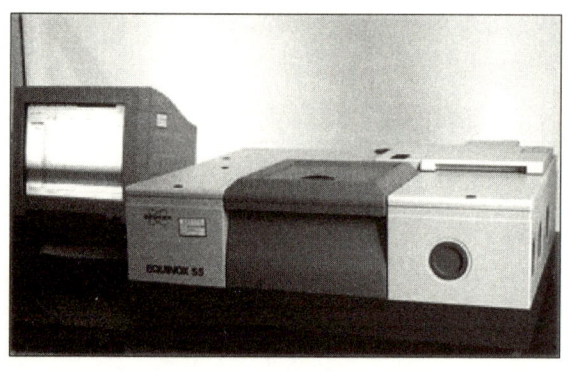

图 1.1　EQUINOX 55 傅里叶变换红外光谱仪

【技术参数】

（1）信噪比：36 000∶1（峰-峰值，1 min 测试）；

（2）采样速率：80 张/s（16 cm^{-1} 分辨率）；

（3）测量谱区：25 000～20 cm^{-1}；

（4）步进扫描-时间分辨率：5 ns；

（5）分辨率：0.5 cm^{-1}，可选 0.2 cm^{-1}。

【主要特点】

（1）多机联用：出入光口自由切换、同时连接互不影响；

（2）步进扫描：首创 step-scan；

（3）时间分辨：快速扫描 80 张/s，步进扫描 5 ns；

（4）波段扩展：三光源、多检测器、可见光多谱带转换自如；

（5）极高的稳定性和灵敏度。

1.3 EQUINOX 55 傅里叶变换红外光谱仪在确定高分子官能团中的应用

1.3.1 研究背景与意义

在高分子的合成研究中，要经常对某种高分子材料进行剖析，以便借鉴。利用红外光谱仪可以较方便地检测出高分子材料的种类，甚至添加剂的种类。[3]

1.3.2 实验准备与过程

1. 样品准备

将聚己二酸丁二醇酯二醇（PBAG 2000）加入到带有冷凝管的 500 mL 的三口烧瓶中，升温至 110 ℃。当聚酯熔化后搅拌抽真空，在 110 ℃下脱水 2 h，然后降温至 80 ℃，通入氮气解除真空。投入二苯基甲烷二异氰酸酯（MDI），80 ℃下预聚 2 h。预聚 2 h 后，加入亲水性扩链剂 2,2-二羟甲基丙酸（DMPA），反应 1 h 后，再加入 1,4-丁二醇（BDO）扩链 2 h。降温至 40 ℃，加入 γ-氨基丙基三乙氧基硅烷（APTES）对聚氨酯预聚体封端 1 h，然后加入三乙胺（TEA）中和 0.5 h，再将正硅酸乙酯（TEOS）和去离子水加入反应瓶中反应 2 h，乳化和溶胶凝胶同时进行。在整个实验过程中，如果黏度增大就加入适量的丙酮降黏，反应结束后，减压蒸馏将丙酮抽出，最终制得固含量为 30%的聚氨酯杂化乳液。

2. 液体制样

使用液体制样器，将其旋动打开。取两片溴化钾（KBr）碾片，将其中一片放入制样器中，光滑面朝上，向 KBr 碾片中心滴加 1～2 滴待测样品，加第二片碾片，组装好制样器。

3. 仪器准备

打开仪器电源进行预热。仪器正常工作时，正面显示绿灯，且不断闪烁。打开仪器控制电脑，双击桌面上 OPUS 软件的快捷键，进入操作界面，确认用户"User ID: Delault"后在"Password"后面的空格中输入密码"OPUS"，点击"Login"或按回车键（Enter）进入测试界面，如图 1.2 所示。点击主菜单中的命令"Measure"，在下拉菜单中选择"Advanced Measurement"，出现"Measurement"菜单窗口。点击工具项"Check Signal"，此时仪器自检会出现声响，界面上显示仪器当前响应信号大小，当前仪器是否正常检测完毕，待机准备。

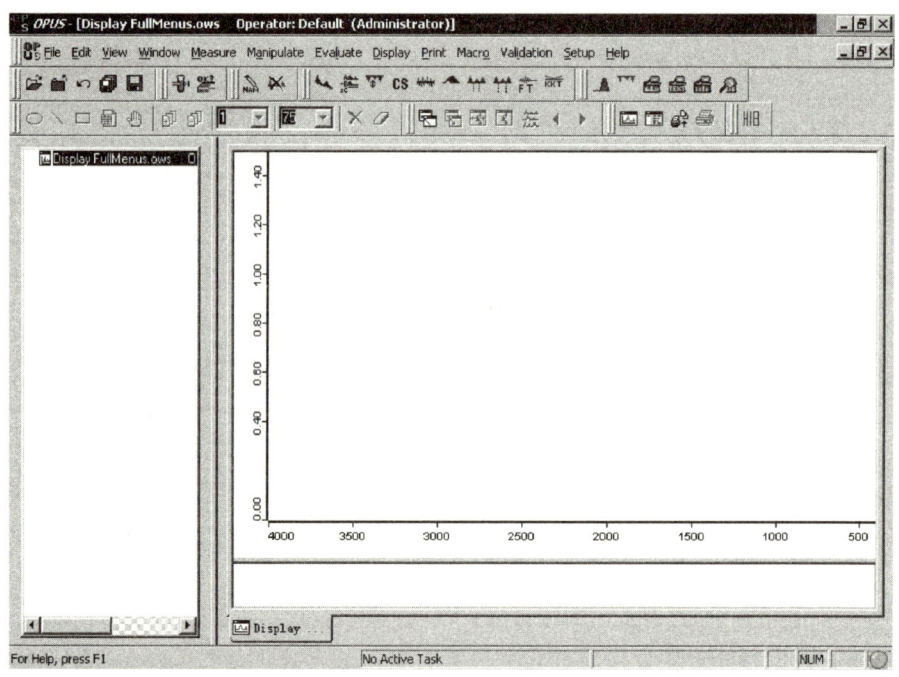

图 1.2 OPUS 软件操作界面图

4. 检测流程

点击"Measurement"菜单窗口中的"Basic"工具项，进行实验数据检测的基础设置，填写样品名称"Sample Name"（juanzhi）、样品载体"Sample Form"（本次实验为 KBr）。点击"Background Single Channel"，进行背景校正。点击后，开始扫描，此时窗口底部出现绿色背景扫描信号和剩余扫描次数"Background: 2 scans"。结束时，扫描信号消失。打开仪器检测室窗口门，将制好的样品垂直插入检测室中的样品架上，使光束通过样品中心，关闭检测室。点击"Sample Single

Channel",进行样品扫描,此时窗口底部出现样品扫描信号和剩余扫描次数"Sample:2 scans"。结束时,扫描信号消失,界面自动切换到测试界面,数据测试完毕。

1.3.3 实验数据与结果

1. 数据处理

测试软件自带数据处理功能。在测试界面主菜单中的左下拉连接,选择点击图标"TR",使其变红,即选中需要修改的数据。点击界面中的工具栏"Baseline Correction"快捷键,出现对应菜单窗口,点击"Correct"进行基线校正。点击界面中的工具栏"Smooth"快捷键,出现对应菜单窗口,点击"Smooth",进行光滑曲线。点击"Peak Picking"快捷键,出现对应菜单窗口;点击"Start Interactive Mode"选项,出现峰强度调整窗口,通过上下移动左侧滑动条,按实验需要对标出峰的强度进行调整,点击"Store"确定。调整曲线界面效果:可以选择点击"Scale"或"Scale Ordinate"进行调整,尽量让数据线充满整个工作界面,以便观察。通过软件处理,可以先预处理评估测试结果,如果不理想,可以调整样品,进行重复测试。

确认测试结果后,保存原始数据点击测试界面主菜单中的命令"File",在下拉菜单中选择"Save File As",出现"Save Spectrum"菜单界面。点击"Select File",选择有效文件原始路径,根据数据路径判断当前数据,点击选择(所选数据颜色变深),设置文件名和存储路径;点击"Mode",在选择输出模式中勾选"Data Point Table",以数据点的模式输出;点击"Save"数据保存完毕。本组实验数据导出后,经数据软件 Origin 或 Omnic 处理后得到数据图 1.3。

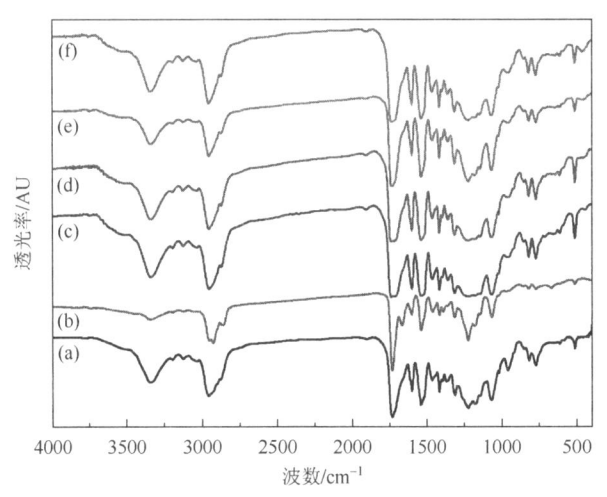

图 1.3 数据分析图

(a)水性聚氨酯;(b)APTES 封端的水性聚氨酯;(c)含 2.5wt%正硅酸乙酯的水性聚氨酯;
(d)含 5.0wt%正硅酸乙酯的水性聚氨酯;(e)含 7.5wt%正硅酸乙酯的水性聚氨酯;
(f)含 10.0wt%正硅酸乙酯的水性聚氨酯

2. 结果分析

2 270 cm^{-1} 左右不存在—NCO 吸收峰，说明 MDI 中的—NCO 完全参与了反应；而 3 640 cm^{-1} 左右不存在—OH 吸收峰，说明原材料聚酯醇中的—OH 发生了反应；另外，3 343 cm^{-1} 处为氢键化的 NH 的伸缩振动峰，1 531 cm^{-1} 处为酰胺 H 带（N—H 变形）吸收峰，1 735 cm^{-1} 处为氨基甲酸酯的羰基吸收峰，吸收强度大，说明确实生成了氨基甲酸酯；1 062 cm^{-1} 处为—COO—的 C—O 伸缩振动吸收峰，说明在体系中含有 DMPA 的结构单元，即 DMPA 参与了反应；1 604 cm^{-1} 处还出现了苯环骨架的伸缩振动峰，2 950 cm^{-1} 和 2 860 cm^{-1} 处分别为 CH_3 和 CH_2 的伸缩振动吸收峰，1 228 cm^{-1} 处为聚酯中 C—O 的伸缩振动吸收峰，1 450 cm^{-1} 为脲基甲酸酯 C═O 伸缩振动峰，说明聚氨酯主链中有脲基甲酸酯生成。在图 1.3（b）中，953 cm^{-1} 处出现—OCH_2CH_3 的吸收峰，说明 γ-氨基丙基三乙氧基硅烷和 MDI 中的—NCO 发生了反应。图 1.3（c）～（f）中，958 cm^{-1} 附近为 Si—OH 的吸收峰，说明正硅酸乙酯水解缩合之后形成了网状结构，正硅酸乙酯水解后与 APTES 可能发生了缩合。由于存在 Si—OH 的吸收峰，说明正硅酸乙酯或 APTES 的缩合并不是很彻底。469 cm^{-1}、706 cm^{-1}、1 068 cm^{-1} 对应于—Si—O—Si—弯曲，对称和非对称伸缩振动峰，这说明正硅酸乙酯水解缩合形成—Si—O—Si—。1 068 cm^{-1} 的峰不明显，这可能是由于 C—C、C—O 和 CH_2 的伸缩振动峰或 CH_2 的摇摆振动峰的遮盖引起的。以上分析表明，本实验方法可以合成出杂化水性聚氨酯。

1.3.4 实验关键与讨论

（1）红外室有严格的湿度要求，湿度过高会直接影响响应信号。

（2）红外 KBr 碾片重复使用时，因其极易溶于水，可以用无水乙醇做预处理清洗，红外灯下烘干。

（3）可以用毛细管蘸取待测样品涂抹在 KBr 碾片中间，放置样品时必须要调整样品架的高度，确保红外光束透过待测样品。

（4）经检测发现谱图中最大峰的透光率大于 50%，可以考虑加大样品的量；若理论上为尖峰的最大峰呈现为宽峰，可以考虑减少或用非干扰性溶剂稀释样品的量来改善，找到最佳峰位置。

（5）OPUS 软件无法识别中文，扫描样品时，输入样品名字需使用字母。

（6）设定扫描背景和样品调用方法时，使用基本设定"Experiment：Load 55mir.XPM"，使仪器性能达到最佳状态。

（7）扫描背景时，误将待测样品放入样品池时，会以当前条件为背景扣除，实验失败。

（8）样品、背景扫描次数，可以在"Measurement"→"Advanced"菜单中根据实际需要进行设置。系统默认 32 次，扫描完毕系统自动取平均信噪比。

（9）在数据处理中，基线校正、光滑曲线、界面调整这三个操作无先后顺序，标峰一定放在最后进行。光滑曲线操作中，光滑度可以根据实际需要选择，数值越大曲线越光滑但越失真。

（10）数据若需要以数据点的形式保存，则文件名设置时需要添加扩展名".dpt"。

（11）本次实验过程中多个样品可以连续检测，分别保存。光标移至界面上可视窗口中的当前曲线，点击右键，出现快捷菜单，选择"Remove From Display"，即可删除当前曲线。重复测试操作，继续做第二个样品。

（12）多组数据测试完毕，系统会自主选择不同颜色保存。打印当前图谱时也可以通过选黑色存成图片报告形式后进行打印。[4, 5]

第 2 章

离子色谱仪及其研究性案例

2.1 离子色谱仪的基本原理

离子色谱是高效液相色谱的一种，故又称高效离子色谱（HPIC）或现代离子色谱。它不同于传统离子交换色谱柱之处主要是树脂具有很高的交联度和较低的交换容量，进样体积很小，用柱塞泵输送淋洗液通常对淋出液进行在线自动连续电导检测。分离的原理是基于离子交换树脂上可离解的离子与流动相中具有相同电荷的溶质离子之间进行的可逆交换和分析物溶质对交换剂亲和力的差别而被分离。该原理适用于亲水性阴、阳离子的分离。例如几个阴离子的分离，样品溶液进样之后，首先与分析柱的离子交换位置之间直接进行离子交换（即被保留在柱上），如用氢氧化钠（NaOH）作淋洗液分析样品中的 F^-、Cl^- 和 SO_4^{2-}，保留在柱上的阴离子即被淋洗液中的 OH^- 基置换并从柱上被洗脱。对树脂亲和力弱的分析物离子先于对树脂亲和力强的分析物离子依次被洗脱，这就是离子色谱分离过程，淋出液经过化学抑制器，将来自淋洗液的背景电导抑制到最小，这样，当被分析物离开进入电导池时就有较大的可准确测量的电导信号。分离的原理是基于离子交换树脂上可离解的离子与流动相中具有相同电荷的溶质离子之间进行的可逆交换和分析物溶质对交换剂亲和力的差别而被分离。它适用于亲水性阴、阳离子的分离。

输液泵将流动相似稳定的流速（或压力）输送至分析体系，在色谱柱之前通过进样器将样品导入，流动相将样品带入色谱柱，在色谱柱中各组分被分离，并依次随流动相流至检测器，抑制型离子色谱则在电导检测器之前增加一个抑制系统，即用另一个高压输液泵将再生液输送到抑制器，在抑制器中，流动相的背景电导被降低，然后将流出物导入电导检测池，检测到的信号送至数据系统记录、处理或保存。非抑制型离子色谱仪不用抑制器和输送再生液的高压泵，因此仪器的结构相对要简单得多，价格也要便宜很多。[6,7]

2.2 ICS-1000 离子色谱仪简介

ICS-1000 离子色谱仪是美国戴安公司推出的新一代离子色谱系统，如图 2.1 所示，该型号离子色谱仪包括高精度双柱塞泵、电导检测器、温控电导池以及可以放置色谱柱和抑制器的柱箱（选配件）。ICS-1000 型离子色谱仪可以兼容戴安公司多种分析柱以及淋洗体系。ICS-1000 离子色谱具有高精度、超稳定、低噪音、全 PEEK 材料的双柱塞泵系统，可以保证获得非常低的检出限。先进的电导池设计和温度控制，有利于消除基线漂移，使积分和定量都十分精确。ICS-1000 离子色谱仪是适合进行等浓度淋洗，电导检测各种阴阳离子，分离分析的离子色谱仪。

离子色谱包括阴离子和阳离子交换色谱柱，离子色谱法（ion chromatography）是分析离子的一种液相色谱方法。根据分离机理，离子色谱可分为高效离子交换色谱（HPIC）、离子排斥色谱（HPIEC）和离子对色谱（MPIC），主要用于环境样品的分析，包括地面水、饮用水、雨水、生活污水和工业废水、酸沉降物和大气颗粒物等样品中的阴、阳离子，与微电子工业有关的水和试剂中痕量杂质的分析。另外，它在食品、卫生、石油化工、水及地质等领域也有广泛的应用。

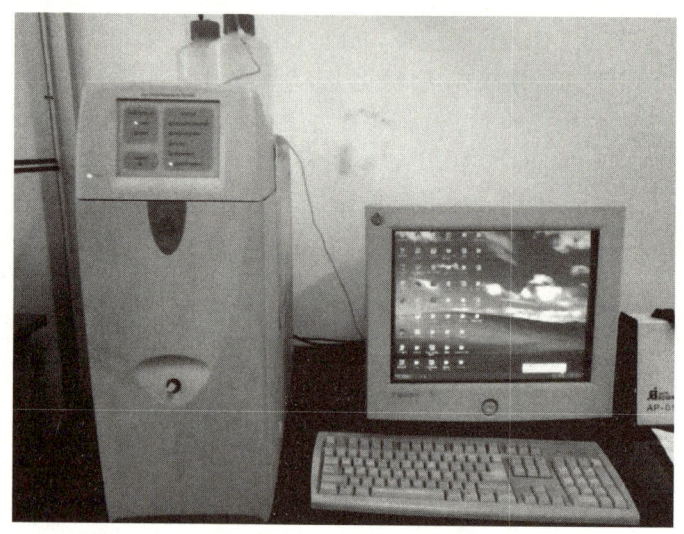

图 2.1　ICS-1000 离子色谱仪

离子色谱仪是先做成一个个单元组件，然后根据分析要求将所需单元组件组合起来的。最基本的组件是流动相容器、高压输液泵、进样器、色谱柱、检测器和数据处理系统。此外，可根据需要配置流动相在线脱气装置、自动进样系统、流动相抑制系统、柱后反应系统和全自动控制系统等。

【技术参数】

(1) 流速范围：0.00～5.00 mL/min，以 0.01 mL/min 为增量；

(2) ppm 和 ppb 级的样品分析；

(3) 最大泵压：5 000 psi（1 psi≈0.006 895 MPa）；

(4) 电导检测器数据范围：0～15 000 μS。

【主要特点】

(1) 电导检测器检出限达到 ppb；

(2) 阴阳离子自动再生电解膜抑制器；

(3) 最新 RFIC 自动淋洗发生技术；

(4) 仪器实用、可靠、稳定、耐用、操作简便。[6]

2.3 ICS-1000 离子色谱仪在测定溶液中氯离子浓度中的应用

2.3.1 研究背景与意义

氯化铝（$AlCl_3$）是铝箔行业的副产品之一，课题组项目研究中成功设计实现了一种电解系统，可通过电解 $AlCl_3$ 溶液得到超高碱度，甚至是纯净的 Al_{13} 产品。该系统的优势在于，可以实现以较低的成本将 $AlCl_3$ 转化为纯净的 Al_{13} 产品。在实验过程中运用离子色谱仪测定产品中氯离子的含量，能有效帮助进一步优化电解温度及电流密度对生产过程的影响。

2.3.2 实验准备与过程

1. 样品准备

（1）过滤：用 0.45 μm 或 0.22 μm 滤膜，将待测样品中杂质颗粒物除去；用高纯水作为冲洗液，减少污染。

（2）稀释：测定溶液中的氯离子，测定之前将溶液稀释，从而降低干扰物的浓度。

2. 仪器准备

打开实验室空调，根据样品的检测条件和色谱柱的条件配置所需淋洗液，本实验要测定阴离子甲酸的含量，所以配制的淋洗液是浓度为 4.5 mM（mM = mmol/L）碳酸钠和 0.8 mM 的碳酸氢钠混合液，更换淋洗液，活化抑制器。依次打开计算机，打开氮气钢瓶总阀，调节钢瓶减压阀分压表指针为 0.3 MPa 左右，开仪器。再调节色谱主机上的减压表指针为 5 psi 左右。

3. 检测流程

双击桌面上工作站程序"Chromeleon"，双击安装目录下离子色谱操作控制面板"我的电脑"，操作控制面板，打开后选中"连接"使软件与离子色谱仪联动起来，然后"启动"，打开"泵头废液阀"排除泵排管路里的气泡，关闭泵头废液阀排气泡大约 2 min，点击"蓝色按钮"，选择"ECD-1，Pump-ECD-ECDH"，输入碳酸盐"4.5 mM"，碳酸氢盐"0.8 mM"，点击"OK"，即可开始走基线，大约过 30~40 min，待基线稳定后方可进样测定。

测试之前建立程序文件：点击"文件"→"新建"→"程序文件"→"下一步"，出现一个界面，将"自动"改为"手动"，时间为"60 s"→"下一步"，输入碳酸盐"4.5 mM"，碳酸氢盐"0.8 mM"→"下一步"→"下一步"命名，打开桌面"程序文件建立"，"0-60"改为"0-20"，然后保存到程序文件的文件夹中。

方法文件：点击"文件"→"新建"→"方法文件"→"另存为"，命名和之前同一个，保存到方法文件的文件夹。

样品表文件：点击"文件"→"新建"→"样品表（使用向导）"→"下一步"→"使用模板导入（输入之前的命名）"→"设置未知样品与标准样品"→"下一步"→"下一步"命名→"完成"，这三个文件都要进行保存，而且是统一的命名。

基线稳定后，点击"蓝色按钮"停止基线扫描，点击"批处理"，启动"程序"，"开始"就可以手动进样，按系统提示逐个进样分析。

关机：关闭泵，关闭操作软件；关闭离子色谱主机电源；关闭氮气钢瓶总阀并将减压表卸压；关闭计算机、显示器。

2.3.3 实验数据与结果

1. 数据处理

打开样品表，双击已测完的样品，即可有图出现，同时会显示峰的位置以及峰面积，记录所需位置的峰面积，右击保存为 TXT 格式，之后用 Origin 作图，如图 2.2 和图 2.3 所示。

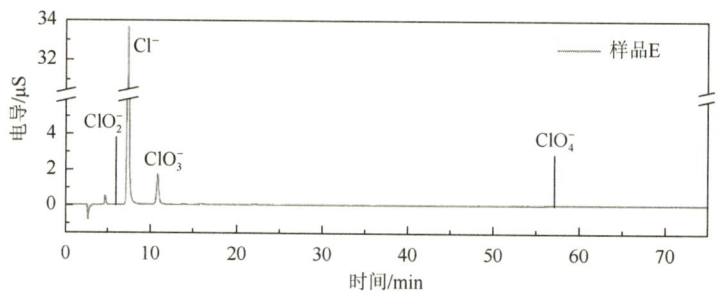

图 2.2　样品 E 的全谱

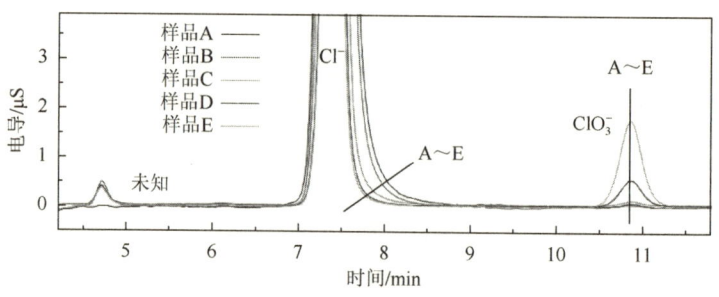

图 2.3　所有样品的谱图

2. 结果分析

该测定所用色谱条件：色谱柱为 Dionex® IonPac® AS23（4 mm）；流速 1 mL/min；

用 25 mA 的阴离子自再生抑制剂（ASRS）抑制电导率；温度 35 ℃；流动相为 4.5 mM 碳酸钠和 0.8 mM 碳酸氢钠混合液。

图 2.2 为样品 E 的全谱，图 2.3 为所有样品的谱图。离子色谱图分析表明，图 2.2 中阴离子有 ClO_2^-、Cl^-、ClO_3^-、ClO_4^-，出峰位置不同；图 2.3 中所有阴离子中 Cl^- 占 96.5%左右，剩余阴离子主要为电解产生的 ClO_3^-，其中 Cl^- 的出峰位置在 7.5 min 左右，同时还可知道峰面积，从而建立峰面积与浓度之间的关系，对 Cl^- 进行定量分析。

2.3.4　实验关键与讨论

（1）淋洗液在每次测试之前都要重新配制，以免污染柱子。
（2）测试不同的离子要配制不同的淋洗液，需参照相关文献。
（3）在新建三个文件夹时，要存储在相应的文件夹下，同时保证命名一致，不然数据会丢失。
（4）抑制器在测试完之后要用蒸馏水清洗，以免造成堵塞，影响测试。
（5）开泵后等待压力升至 1 000 psi 以上，再打开 RFC-10/30 面板的 SRS/EGC 开关。
（6）将高压极限设置为 3 000 psi。
（7）仪器运行时，如果出现超压报警，应当迅速关闭 SRS/EGC。
（8）仪器运行时，如果出现管路泄露，应当首先关闭 SRS/EGC，再停泵。
（9）关机时必须首先关闭 SRS/EGC，再停泵。
（10）做好实验记录（温度、压力、电导、EGC 含量）。
（11）仪器工作中遇到突然停电时，应该立即关闭离子色谱仪主机电源开关，然后关闭计算机、显示器和打印机电源。
（12）维护和保养：保持泵头无气泡，每周至少开一次机，若长时间未开机，请在开泵之前排除泵头气泡。先逆时针旋松泵头废液阀排气泡，观察管路，无气泡后拧紧泵头废液阀，但不要过紧。
（13）系统更换：将原系统卸下后，原来接柱的地方用黑色两通接头连接，将淋洗液瓶盖管路放入盛有去离子水的容器中，开泵冲洗，用 pH 试纸检测流出的废液至中性，关泵再将淋洗液瓶盖管路放入所要更换的淋洗液瓶中，开泵冲洗，用 pH 试纸检测流出的废液至该淋洗液的酸碱性，最后关泵，卸去之前所接的两通管，将所需要更换的系统按其指示标签及管路标签正确连接。
（14）样品处理：含有强氧化性物质、油性水不溶物、高浓度有机溶剂等的样品不宜进样分析，尽量避免样品中的水不溶物进入柱子导致柱头堵塞或柱效能下降，应使用滤膜除去杂质，最好再使用 C_{28} 预处理小柱除去有机物，以延长柱子的使用寿命。[8]

第 3 章

XRD粉末衍射仪及其研究性案例

3.1 XRD 粉末衍射仪的基本原理

X 射线是原子内层电子在高速运动电子的轰击下跃迁而产生的光辐射，主要有连续 X 射线和特征 X 射线两种。晶体可被用作 X 光的光栅，这些很大数目的粒子（原子、离子或分子）所产生的相干散射将会发生光的干涉作用，从而使得散射的 X 射线的强度增强或减弱。由于大量粒子散射波的叠加、互相干涉而产生最大强度的光束称为 X 射线的衍射线。

在真空管阴极和阳极之间加高压。阴极由钨丝制成，可发射电子。发射电子经高压加速轰击阳极（靶极），将阳极金属内层电子撞出。外层电子跃迁，即释放出 X 射线。

满足衍射条件，可应用布拉格公式 $2d\sin\theta = n\lambda$：已知波长的 X 射线来测量 θ 角，从而计算出晶面间距 d；已知 d 的晶体来测量 θ 角，从而计算出特征 X 射线的波长，进而可在已有资料查出试样中所含的元素。

对于组成元素未知的单组分化合物或多组分混合物，直接用 XRD 进行物相分析是存在一定问题的，由于同组的元素具有相似的性质和晶体结构，造成在同位置出现衍射峰，从而不能确定物相。所以，对于未知组成的晶态化合物，首先要进行元素的定性分析。

3.2 D8 Advance 型 XRD 粉末衍射仪简介

X 射线粉末衍射仪是研究物质微观结构的重要仪器之一，可检测物质的晶粒度、结晶度、晶格结构指标化、物相检索、定量分析计算等，广泛应用于物理、化学、地质学、药学、冶金学、高分子、环保、考古、生命科学和材料科学等领域。它可以分析各种固体材料以及半导体、超导、纳米、超晶格和磁性材料等的物相和晶体结构。样品可以是单晶体、多晶体、纤维、薄膜等片状、块状或粉末状的各种固体。

如图 3.1 所示，D8 Advance 型 XRD 粉末衍射仪能够提供粉末、块状、条带样品的测试多晶样品的常规物相分析和半定量分析，晶胞参数的测定、修正，未知多晶样品的 X 射线衍射指标化，晶粒尺寸和结晶度测定。它配有步进马达加光学编码的精密测角仪，角度重现性为 $\pm 0.0001°$，宽角扫描范围为 $0°\sim140°$。它还配有 LynxEye 阵列探测器，192 个探测通道，探测效率是普通闪烁探测器的 10 倍以上，普通样品 7 min 左右即测试完成。

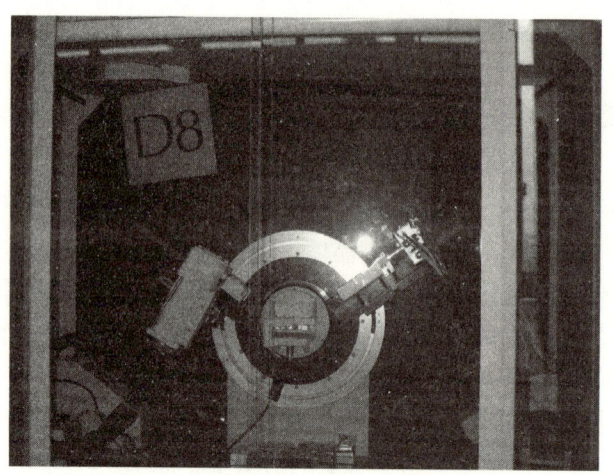

图 3.1　D8 Advance 型 XRD 粉末衍射仪

【技术参数】

X 射线粉末衍射仪的结构主要有 X 射线发生器、衍射测角仪、辐射探测器、测量电路、冷却循环水系统、控制操作和运行软件的电子计算机系统。Cu 靶 X 光管电压不超过 40 kV，电流不超过 40 mA；测角仪工作方式为 θ/θ 方式，扫描范围为 0°～140°，测角仪精度可以达到 0.000 1°，准确度不超过 0.02°。

【样品要求】

（1）粉末样品要求：干燥，在空气中稳定，粒度均匀，小于 20 μm。

（2）块状样品要求：测试面清洁平整，可装入直径为 23 mm 的中空样品架，垂直于测试面的厚度不超过 10 mm。

（3）特殊样品：极少量的微粉、非晶条带、液体样品等。微粉样品需要颗粒均匀、细小，且性质稳定，对硅无腐蚀性；条带需要平整光滑且不能太厚。[9-15]

3.3　D8 Advance 型 XRD 粉末衍射仪在测定荧光粉物相中的应用

3.3.1　研究背景与意义

发光二极管（light emitting diode，LED），是现代社会中常见的照明光源，其核心部件是电致发光器件，由不同的半导体构成芯片核心部分，控制整个 LED 结构发光。白光 LED 是一种重要的 LED 类型，具有体积小、亮度高、耗电少、发热量低、寿命长、反应速度快、耐冲击等优势，且照明领域广泛，可以应用到仪器仪表、背光灯、交通信号灯、汽车等各个方面，成为取代气体放电灯的第四代人工照明光源。LED 用荧光粉的制备首先要保证制得的样品物相纯，然后再讨论荧光光谱的发光强度等问题。

XRD 特别适用于晶态物质的物相分析。晶态物质组成元素或基团如不相同或其结构有差异，它们的衍射谱图在衍射峰数目、角度位置、相对强度次序以至衍射峰的形状上就显现出差异。在无机材料的合成研究中，经常要对某种无机材料的结构进行分析，利用粉末衍射仪可以较方便地检测出合成材料的晶体结构是否是纯物相。

3.3.2 实验准备与过程

1. 样品准备

采用高温固相反应法制备，所用原料试剂为 La_2O_3（99.99%）、Eu_2O_3（99.99%）、H_2SiO_3（AR），以 H_3BO_3（G. R. 99.8%）为助熔剂。按化学式计量比准确称量各原料试剂，于玛瑙研钵中与无水乙醇充分研磨混合，移入带盖的刚玉坩埚内，使反应物料置于一氧化碳气氛下，在 1 000 ℃ 高温炉中煅烧 3 h，冷却后取出，充分研磨，再于 1 200 ℃ 高温炉中同一还原气氛下煅烧 6 h，降温冷却后研细即得试样。

2. 制样操作

荧光粉属于粉末样品，在测试前，应先用研钵研细，随后用药匙取出适量样品，将其装入空槽中，用盖玻片轻轻压平，使其上表面平整，高度与样品架平齐。将制备好的样品轻置于样品台上，轻推样品底座使样品台卡到位，关闭仪器的大门，并轻推拉杆入位使门锁关闭。

3. 仪器准备

首先打开冷却循环水系统的开机键"Run"，使输出水压不低于 0.4 MPa 即可，然后打开仪器的绿色开机键，此时仪器下方的四个指示灯全亮，等待指示灯变为"On"和"Alarm"亮，与此同时可以听见仪器有"咔嗒"的声响，打高压，将"High Voltage"从垂直状态变为顺时针 90°的平行状态，保持这个状态直至仪器上方的指示灯亮起，仪器下方的指示灯变为"On"和"Ready"亮，慢慢松手恢复垂直状态即可。

此时打开控制操作和运行软件的电子计算机系统，打开软件 XRD-commander，在软件界面的左上方参数设置"Tube"和"Detector"均为 10，按下工具栏上方的"Init Drive"，待界面清晰后，按下工具栏上方的"Move Drive"，设置左下方仪器工作电压为 40 kV，工作电流为 40 mA，完成仪器的初始化。

设置仪器的测量角度"Start"为 10°，"stop"为 90°；间隔"increment"为 0.02°，即每 0.02°测量一个点；扫描速度设置为 0.5 sec/step，即每步扫描 0.5 s。

将制备好的样品轻置于样品台上，轻推样品底座使样品台卡到位，关闭仪器的大门，并轻推拉杆入位使门锁关闭。点击扫描速度后面的"Start"按钮，仪器开始测试。等到测试结束，保存原始数据格式"raw"，结束测试。

等待几分钟，软件显示待机电压为 20 kV，电流为 5 mA 时，关闭软件和计算机，将仪器的高压旋钮逆时针旋转 90°后，恢复起始状态，等待 5 min。按下仪器的关机红色键，将冷却循环水系统的关机键"Stop"按下，即完成关机操作。

3.3.3 实验数据与结果

1. 数据处理

使用 Jade 6.5 软件。

（1）打开文件。打开图谱文件，显示在当前窗口中，如果以 Read 方式读入，新图谱替换窗口中原有图谱；如果以 Add 方式读入，新图谱与旧图谱同时显示在窗口中，实现多谱显示。

（2）图谱平滑。测量的曲线一般都因"噪声"而使曲线不光滑，有些在处理后也会出现这种情况，需要将曲线变得光滑一些，数据平滑的原理是将连续多个数据点求和后取平均值来作为数据点的新值，因此，每平滑一次，数据就会失真一次。一般采用 9~15 点平滑为好。如果用鼠标右键点击平滑按钮，就会打开平滑参数设置对话框。可选择二次函数或四次函数拟合（一般使用二次函数拟合）。

（3）扣除背景。背景是由于样品荧光等多种因素引起的，在有些处理前需要作背景扣除，单击"BG"一次，显示一条背景线，如果需要调整背景线的位置，可以用手动工具栏中的"BE"按钮来调整背景线的位置，调整好以后，再次单击"BG"按钮，背景线以下的面积将被扣除。

（4）物相检索。鼠标单击此按钮，开始检索样品中的物相，一般鼠标右键单击此按钮，出现一个对话框，对检索参数进行设置。

物相检索也就是"物相定性分析"。它的基本原理是基于以下三条原则：①任何一种物相都有其特征的衍射谱；②任何两种物相的衍射谱不可能完全相同；③多相样品的衍射峰是各物相的机械叠加。因此，通过实验测量或理论计算，建立一个"已知物相的卡片库"，将所测样品的图谱与 PDF 卡片库中的"标准卡片"一一对照，就能检索出样品中的全部物相。

找到标准卡片后，将标准卡片导出，原始数据另存为 TXT 格式。用 Origin 9.0 软件进行作图，在软件导入单组或多组数据，选择合适的线性作图即可。

2. 结果分析

系列荧光粉试样 LSO：xEu$^{(2+,3+)}$（x = 0，0.025，0.05，0.075，0.10，0.125，0.15）属于氧基磷灰石结构。$La_{10}(SiO_4)_6O_3$ 晶体包含孤立的四面体和镧离子在两种不同的格位上，一个是七配位，另一个是九配位。铕取代镧原子可以在这两种不同的格位上。用 Jade 软件对 LSO：xEu$^{(2+,3+)}$（x = 0，0.025，0.05，0.075，0.10，

0.125，0.15）系列试样的 X 射线衍射数据进行物相检索，结果与 PDF#53-0291 吻合度较高（图 3.2），属于六方晶系，P63/m（176）空间群。主要衍射线对应较好，可以认为铕离子基本进入基质晶体学格位。因此，掺杂不同铕离子对基质结构没有明显的影响。

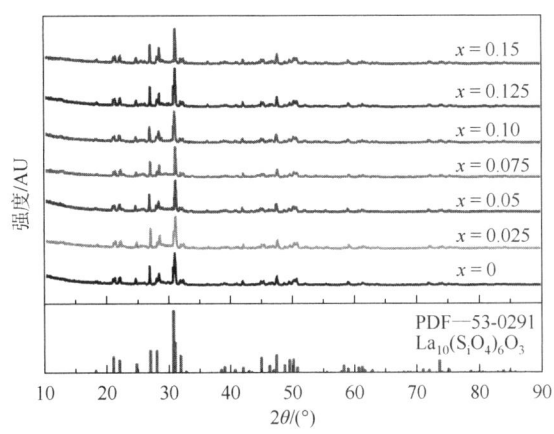

图 3.2　LSO：xEu$^{(2+,3+)}$（$x=0\sim0.15$）系列试样 XRD 衍射图

3.3.4　实验关键与讨论

（1）在仪器测试时，可能会有 X 射线释放出来。尽量不要站在仪器的中央，避免射线损害身体。

（2）在有多个样品测试时，参数不用重新设置，只需重复将样品放置在样品台上即可。

（3）测量角度是根据参考文献和标准卡片的具体情况设置的，以包含物质的三强线为最佳。

（4）扫描速度设置的数值是可以根据样品的实际情况进行修改的，通常可设置的数值为 0.1、0.2、0.5、1 等。数值设置越大，扫描所用时间越长，这决定了扫描结果的精确度，但并不意味着越长越好，通常只有在样品的噪声强度太高时才需要将扫描速度的数值设置变大。

（5）对新的、超过 100 h 未曾使用的或曾经从仪器上拆下的 X 光管，必须进行老化。对超过 24 h 但是小于 100 h 未曾使用的 X 光管进行自动快速老化。在长时间几个月不使用 XRD 且处于关机状态时，再一次使用时需要对 X 光管进行老化，按照规定步骤进行开机，打开计算机后，点击软件 D8-tools，选择 Online Status，选择电脑图标，展开"Instrument"，选中"X-RAY Generator"，点击工具栏上的"Utilities"→"X-RAY"→"Tube Conditioning ON/OFF"，等待电压从 20 kV 升高至 50 kV，从 50 kV 再降至 20 kV，选中"X-RAY Generator"，点击工具栏上的"Utilities"→"X-RAY"→"Tube Conditioning ON/OFF"，即完成光管老化过程。

（6）块状样品制样：取适量的橡皮泥置于标准样品台的底部，将样品轻轻放置于橡皮泥上面，取中部挖空了的标准样品台套于块状样品的中间，然后用盖玻片将样品压置与样品架平齐。

（7）特殊样品制样：极少量的微粉、非晶条带、液体样品等需使用特殊低背景样品架，将微粉或液体轻置在单晶硅片上均匀分散开，非晶条带平铺在单晶硅片上，尽可能与其贴合。

（8）特殊样品制样：极少量的微粉、非晶条带、液体样品等需使用特殊低背景样品架，将微粉或液体轻置在单晶硅片上均匀分散开，非晶条带平铺在单晶硅片上，尽可能与其贴合。[16-18]

第 4 章

高效液相色谱仪及其研究性案例

4.1 高效液相色谱仪的基本原理

高效液相色谱仪(high performance liquid chromatography,HPLC)由储液器、泵、进样器、色谱柱、检测器、记录仪等几部分组成,是在经典液相色谱法的基础上,于 20 世纪 60 年代后期引入了气相色谱理论而迅速发展起来的。它与经典液相色谱法的区别是,填料颗粒小而均匀,小颗粒具有高柱效,但会引起高阻力,需用高压输送流动相,故又称高压液相色谱。又因分析速度快而称为高速液相色谱。高效液相色谱是目前应用最多的色谱分析方法。使用高效液相色谱时,储液器中的流动相被高压泵打入系统,样品溶液经进样器进入流动相,被流动相载入色谱柱(固定相)内,由于样品溶液中的各组分在两相中具有不同的分配系数,在两相中做相对运动时,经过反复多次的吸附-解吸的分配过程,各组分在移动速度上产生较大的差别,被分离成单个组分依次从柱内流出,通过检测器时,样品浓度被转换成电信号传送到记录仪,数据以图谱形式打印出来。高效液相色谱作为一种重要的分析方法,广泛地应用于化学和生化分析中。高效液相色谱从原理上与经典的液相色谱没有本质的差别,它的特点是采用了高压输液泵、高灵敏度检测器和高效微粒固定相,适于分析高沸点不易挥发、分子量大、不同极性的有机化合物。与试样预处理技术相配合,高效液相色谱仪所达到的高分辨率和高灵敏度,使分离和同时测定性质上十分相近的物质成为可能,能够分离复杂相体中的微量成分。随着固定相的发展,有可能在充分保持生化物质活性的条件下完成其分离。高效液相色谱仪成为解决生化分析问题最有前途的方法。由于高效液相色谱仪具有高分辨率、高灵敏度、速度快、色谱柱可反复利用、流出组分易收集等优点,因而被广泛应用于生物化学、食品分析、医药研究、环境分析、无机分析等各种领域。[19-22]

4.2 LC-100 高效液相色谱仪简介

如图 4.1 所示,LC-100 高效液相色谱仪(上海伍丰科学仪器有限公司)由 LC-P100 高压恒流泵与 LC-UV100 紫外检测器直接构成。使用 LC-WS100 工作站可以同时控制数台 LC-P100 高压恒流泵、LC-UV100 紫外检测器及恒温柱箱等,实行多元高压梯度洗脱、波长扫描等功能。LC-100 智能全控液相色谱系统操作既直观又方便。它可以不连接计算机,通过仪器本身的小键盘输入所有控制信息,所有操作都在液晶屏上显示出来;也可连接计算机,使用工作站软件。该工作站与色谱仪之间采用纯数字通信,读入的均为直接二通道采样数据,不经过任何处理,不存在信号畸变,这样保证了采样精度和后处理时不丢失数据,采样精度达 18 位(0.1 s/次×2 通道)。

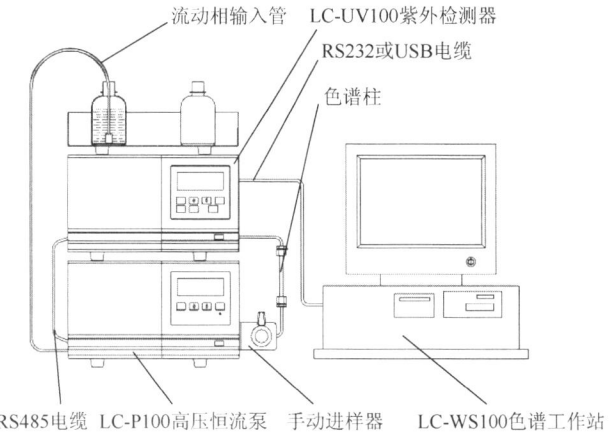

图 4.1 LC-100 高效液相色谱仪基本系统配置示意图

LC-WS100 工作站分为实时采样、后处理、波长回放、图谱比较四个独立的单元。其中实时采样单元可以直接监控多达四台泵及紫外检测器，可以任意改变波长、泵的流量、氘灯开关；可以在任意时刻停泵或切换转向阀，让组分保留在流通池里，然后自动启动波长扫描，并得到该组分对不同波长的连续谱图；还可以连接一个转换阀，通过事件设置控制转换阀，达到分离回收流动相的目的。另外，所有显示数据都已经转换成 AU 值，无须用户进行烦琐的折换。软件是在 Windows 系统下运行的，所有功能菜单化，操作简便。

LC-P100 高压恒流泵是微处理器智能控制的往复式双柱塞并联泵，具有工作压力高、脉动小、稳定可靠、操作方便等特点，可满足常规分析到微流量分析的需要。在进行单泵等度分析时，可根据该仪器上全汉字显示液晶屏的提示语句，通过四个功能键变换各种操作模式，并且可以方便地设置流量、压力上下限、持续工作时间、压力单位等参数。

【LC-P100 高压恒流泵技术参数】

LC-P100 高压恒流泵是一台由微电脑控制的往复式双柱塞并联泵，具有操作方便、流速稳定、压力脉动小、故障率低的特点，能很好地起到高效液相色谱系统中输液单元的作用。

（1）流量范围：0.001～9.999 mL/min，以 0.001 mL/min 步长调节流量；

（2）流量精度：RSD≤0.06%；

（3）压力脉动：不超过 0.1 MPa（流量为 1 mL/min，压力为 5～10 MPa），泵的密封性压力为 42 MPa，时间为 10 min，压力降低于 0.5 MPa；

（4）最高工作压力：42 MPa（0.001～9.999 mL/min）。

【LC-UV100 紫外检测器主要特点】

LC-UV100 紫外检测器采用微电脑控制曲面衍射光栅光学系统、双孔微型流通池、光强度测量和数据输出电子系统。仪器通电启动后，自动进行自检和波长校正程序。液晶显示器实时显示检测波长、吸光度、样品池与参照池透射光强度、运行时间、灯的开关及使用时间等。自检结束后，可用键盘按钮启动运行或设置参数。

（1）波长范围：190～700 nm；

（2）基线噪音：不超过±0.25×10^{-5} AU（空池）；

（3）光谱带宽：6 nm；

（4）波长示值误差：不超过 1 nm；

（5）波长重复性：优于 0.1 nm；

（6）基线漂移：不超过 0.4×10^{-4} AU（空池）；

（7）最小检测量：3×10^{-9} g/mL（萘的甲醇溶液）。

4.3 LC-100 高效液相色谱仪在测定水环境中邻苯二甲酸二丁酯中的应用

4.3.1 研究背景与意义

高效液相色谱法是现代分析化学中最重要的分离方法之一。近几年，由于化学工业的发展和天然化合物的开发，环境污染越来越严重。高效液相色谱仪由于其高灵敏度、高效、分析速度快等优点广泛应用于环境中各物质的监测。高效液相色谱仪已在环境分析中得到广泛应用，特别适用于分子量大、挥发性低、热稳定性差的有机污染物的分离和分析。[23]

4.3.2 实验准备与过程

1. 样品准备

精确称取邻苯二甲酸二丁酯（DBP）100 mg，在棕色容量瓶配置 1 mg/mL 的标准储备液。分别移取 0 μL、100 μL、200 μL、300 μL、400 μL 的 DBP 标准储备液于 5 个 10 mL 的棕色容量瓶，用水定容至刻度，分别得到 0 μL/mL、10 μL/mL、20 μL/mL、30 μL/mL、40 μL/mL 的标准系列样品。在环境中获得的水样，经过 0.22 μm 水系过滤头过滤备用。

2. 流动相准备

将流动相更换为高效液相色谱仪级别的乙腈和蒸馏水，蒸馏水要先经 0.45 μm 薄膜过滤，过滤后的蒸馏水必须用超声波震荡 10～15 min 充分脱气，以除去其中溶解的气体（如氧气）。泵运行前先打开排空阀，用注射器抽出流动相，观察 10 s，流动相应连续流出。

3. 仪器准备

图 4.2 所示为 LC-WS100 工作站界面示意图。

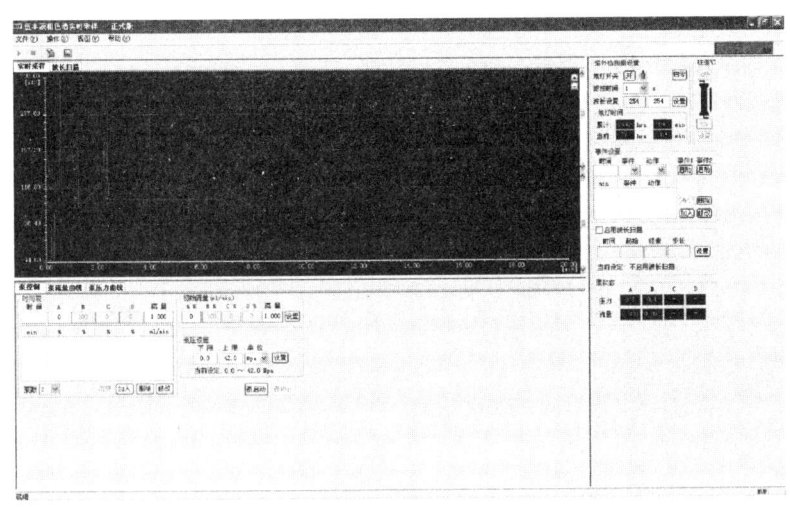

图 4.2　LC-WS100 工作站界面示意图

仪器启动顺序：先开高压恒流泵和紫外检测器，待紫外检测器自检完毕，回到默认波长 254 nm 后，打开工作站软件——"伍丰液相"。

软件启动后等候片刻，此时可以设置紫外检测波长为 225 nm，初始流量的流动相比例为乙腈：水（65：35，V/V），流速为 1 mL/min。设置完毕，点击"泵启动"以启动泵，稳定仪器 30 min，等待基线平稳方可开始测样。

3. 检测流程

用进样针分别吸取之前配置的标准系列样品和备用的水环境样品，排空进样针里面的空气，使进样针充满液体样品，打开手动进样阀，将进样针的液体样品注射进入管路，随后关闭手动进样阀，仪器开始自动测样。等待仪器完整出峰后，可以手动停止检测，工作站自动弹出后处理谱图，选择保存位置保存。每个样品重复三次测样，保存好每个样品的三次数据。

检测完毕后，先在工作站点击"泵停止"，点击关闭氘灯，退出工作站软件，然后等泵显示的压力值下降到 0 MPa 或 0.1 MPa，最后再关仪器。

4.3.3　实验数据与结果

1. 数据处理

如图 4.3 所示，双击打开保存的数据文件，点击谱图处理，或者点击鼠标右键，选择"手工积分",再选择"手工基线",对目标峰拉基线并积分,点击目标峰,出现"峰详细资料"对话框,记录峰面积数据。

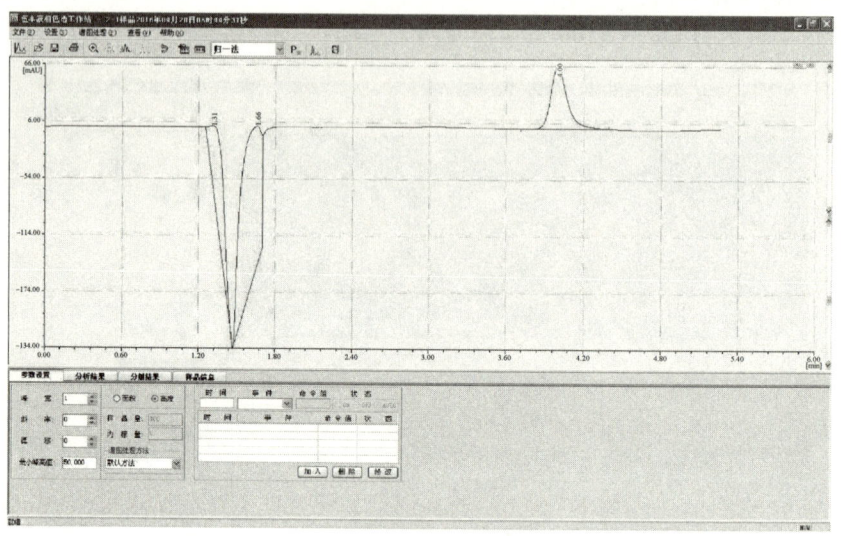

图 4.3　数据处理示意图

2. 结果分析

由于上述对每个样品平行测定三次,将每个样品的平行数据分别取平均值,所得到的平均峰面积对浓度作图,获得标准曲线 $y = 45.91x - 91.38$,$R^2 = 0.990\,2$,意味着具有可行度和线性关系(图 4.4)。最后将备用的水环境样品的平均峰面积数据代入标准曲线,可以计算得到水样中 DBP 的浓度。

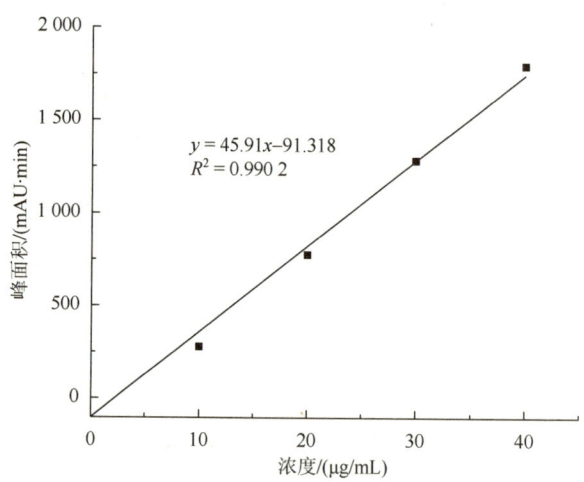

图 4.4　DBP 的标准曲线

4.3.4 实验关键与讨论

（1）标准储备液配置过程中，需准确使用容量瓶配置溶液。

（2）真实样品在测试前必须经过 0.22 μm 的水系过滤头过滤，除去样品所含的微小固体颗粒，防止对液相色谱系统造成损坏。

（3）仪器启动后等待仪器稳定，泵启动后等待基线平稳，然后才可以开始测样，否则数据会产生偏差。

（4）实验中每个样品需平行测定三次，取平均值（舍弃偏差过大的数据），保证结果的准确性。在使用仪器过程中，注意贮液瓶里的流动相是否够用，如快用尽，应及时更换。

（5）更换流动相时务必停泵，防止吸入大量空气，影响仪器正常运作。

（6）实验必须使用高效液相色谱仪级或相当于该级别的流动相，并要先经 0.45 μm 薄膜过滤。过滤后的流动相必须经过超声充分脱气，以除去其中溶解的气体（如氧气），如不脱气易产生气泡，增加基线噪声，造成灵敏度下降，甚至无法分析。

（7）泵运行前先打开排空阀，用注射器抽出流动相，观察 10 s，流动相应连续流出。

（8）不用排空阀时应将其关闭，否则大气压力会使流动相从排空阀出口流出。

（9）在启动分析进样时，应快速扳动进样阀，否则会引起系统压力突跳，影响仪器的使用寿命。

（10）若流动相不是纯甲醇，样品分析结束后，必须用高效液相色谱仪级甲醇对泵及进样阀进行清洗，大约 30 min 后，待压力重新回落并稳定，方可关泵。[24, 25]

第 5 章

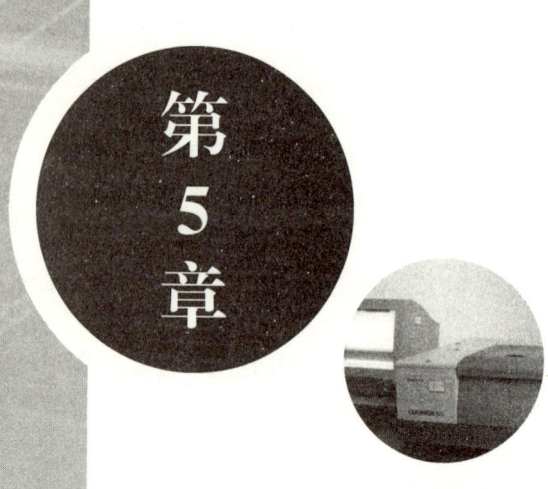

物理吸附仪及其研究性案例

5.1 物理吸附仪的基本原理

物理吸附仪采用氮气、二氧化碳等为吸附质对多孔和粉体材料的比表面积、孔体积、孔分布进行测定分析。氮气主要用来测介孔、大孔,二氧化碳主要用来测微孔。吸附仪主要由独立脱气站、气路系统、真空系统、压力探测系统、冷却系统和数据处理器组成,尤其用于纳米材料的分析研究,其所涉及的基本理论原理包含以下几方面:

【测试原理——静态定量法】

测定已知量的气体在吸附前后的体积差,进而得到气体的吸附量。脱气后,将样品管放入冷阱(吸附一般在吸附质沸点以下进行,如用氮气,冷阱温度需保持在 78 K,即液氮的沸点),并给定一个 p/P_0 值,达到吸附平衡后便可通过恒温的配气管测出吸附体积 V。这样通过一系列 p/P_0 及 V 值的测定,得到许多个点,将这些数据点连接起来得到等温吸附线,反之降低真空,脱出吸附气体可以得到脱附线,所有比表面积和孔径分布信息都是根据这些数据点带入不同的统计模型后计算得出的。

【BET 法测定原理】

BET 法一直被认为是测定载体及催化剂比表面积标准的方法。它是基于吸附等温式表达的多层吸附理论。

BET 等温式:

$$S_g = \frac{N_A A_m V_m}{22\,400 W}$$

其中,S_g 为催化剂的比表面积;N_A 为阿伏伽德罗常量;A_m 为吸附质分子的横截面积,$A_m = 0.162 \text{ m}^2$;V_m 为单分子层饱和吸附所需气体的体积,cm^3;W 为样品质量,g。

【孔径分布的测定原理】

(1) 从脱附等温线上找出相对压力 p/P_0 所对应的 $V_{脱}$(mL/g)。

(2) $V_{脱}$ 换算为液体体积 V_L(mL/g):

$$V_L = \frac{V_{脱}}{22\,400} \times 28 \times \frac{1}{0.808} = 1.55 \times 10^{-3} \times V_{脱}$$

$$V_{孔} = (V_L)_{p/P_0 = 0.95}$$

(3) 以 $V_L/V_{孔}$(%)对 r_p(产生凝聚现象的孔的实际尺寸)作图,得到孔径分布的图形。[26]

5.2 ASAP2020 物理吸附仪简介

如图 5.1 所示，ASAP2020 物理吸附仪（美国麦克公司）具有高测量精度、高效率等优点，和其他仪器相比，可以测得更为准确的微孔面积、微孔孔径。它可以采用氮气、二氧化碳等为吸附质对多孔和粉体材料的比表面积、孔体积、孔分布进行测定分析，尤其用于纳米材料的分析研究。物理吸附微孔分析主要用于材料的微观物性分析，通过分析可以掌握纳米材料的物理性质，广泛应用于催化、环境、建筑等领域。

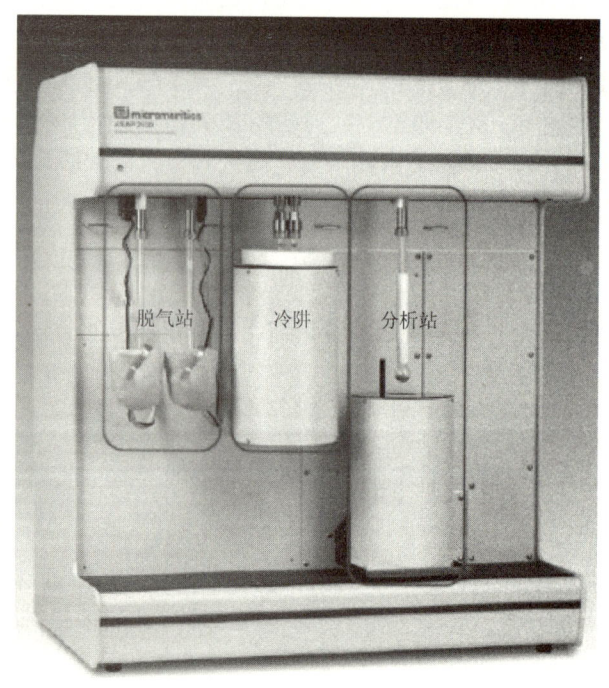

图 5.1 ASAP2020 物理吸附仪

【技术参数】

（1）比表面积分析范围：0.000 5 m^2/g 至无上限。

（2）孔径的测量范围：3.5～5 000 Å（氮气吸附）；微孔区段的分辨率：0.2 Å；孔体积最小检测：0.000 1 cc/g。

【主要特点】

（1）单点、多点 BET 比表面积；

（2）朗缪尔（Langmuir）比表面积；

(3) BJH 中孔、孔分布、孔大小及总孔体积和面积;

(4) 标准配置密度函数理论（DFT/NLDFT）、DA、DR、HK、MP 等微孔分析方法;

(5) 吸附热及平均孔径，总孔体积。

5.3 ASAP2020 物理吸附仪在确定电极材料比表面积及孔径中的应用

5.3.1 研究背景与意义

超级电容器在过去的 10 年中作为用于便携式电子设备、车辆等中的储能装置已经引起越来越多的关注。由于碳纳米材料具有较高的比表面积和多孔结构，被认为是最理想的双电层电容器电极。电极材料的比表面积及孔分布对材料性能影响较大，利用物理吸附仪可以很好地测出材料的比表面积及孔径分布。

5.3.2 实验准备与过程

1. 样品准备

（1）清洗和烘干，标识样品管。

（2）样品上机前的预处理，建议在烘箱内 100 ℃烘 1 h。

（3）确定样品分析用量。通常待分析样品能提供 40~120 m^2 表面积，同时样品重量不要小于 100 mg，对于粉末样品，需要先在样品管底部加一层厚实的石英棉"床"，采用长颈漏斗，加样至样品管的石英棉"床"上。大颗粒样品应采用镊子加样。

（4）称量样品质量要仔细称量空样品管和塞子的组装在一起的重量，样品脱气后重新称量样品管、样品和塞子的组件总重量，在记录本上进行认真记录。

2. 仪器准备

定义待分析样品文件中的默认值，可以采用高级模式"Advanced"。这样在今后编制样品文件时，可以更多采用默认值，从而节省编制文件时间。在定义默认值时，更多采用应用频次高的分析参数、样品材料和压力表。ASAP2020 操作软件会自动生成样品信息文件名称，以及采用默认值的文件。

3. 检测流程

高级样品默认值对话窗口，类似一组索引卡片，可以点击卡片文字，翻到相应卡片，或点击"Next＞＞"或"＜＜Prev"键，实现同样的功能。在样品文件的相应参数部分（脱气条件、分析条件、吸附特性和报告内容选项）定义默认值，保存为新建文件的默认值。选择"File"文件菜单，打开"Open"样品信息文件"Sample Information"，点击"Yes"，建立新文件，定义的默认值将出现在所有参数栏目中。选择"File"文件菜单，打开"Open"，分析条件"Analysis Conditions"，点击"Yes"，建立新的分析条件文件，定义的默认值将出现在所有参数栏目中。

从选择"Options"菜单中，选择样品定义"Sample Defaults"，将出现高级样品定义窗口。在"Sequence"栏目内，定义默认文件名字串，包含的数字部分会自动递增，并出现在"File Name"文件名字栏目，当在编辑文件时选择"File"→"Open"→"Sample Information"，在"Sample"栏目的右边栏目内，输入样品标识格式。在质量"Mass"栏目输入默认值或一个近似重量即可，更精确的重量可以在分析时输入。自动采集数据还是手动输入，这一选择也可在分析时被改变。点击分析条件"Analysis Conditions"标签，定义适合绝大多数样品的分析条件，点击保存"Save"。没有必要在每一个栏目都点击保存"Save"，在任何一个窗口点击保存，所有定义值将被全部保存。点击脱气条件"Degas Conditions"标签，定义适合样品脱气准备条件，点击保存"Save"。点击吸附特性"Adsorptive Properties"标签，定义气体特性，点击保存"Save"。点击报告内容选择"Report Options"标签，选择要编辑的报告，利用"Edit"编辑报告内容，点击保存"Save"。点击"Close"，关闭对话窗口。

（1）建立待分析样品的样品分析文件。

对每一个待分析样品建立对应的样品信息文件。在主菜单中，选择文件"File"，打开"Open"样品信息文件"Sample Information"，将出现样品信息文件对话窗口。在文件名称"File Name"栏目，接受默认值或建立新的文件名称。点击"OK"，然后"Yes"，便产生了文件，并出现样品信息对话窗口。显示的输入内容栏目，都采用默认值。在样品栏目接受默认值或输入适当值。如果在样品信息文件中已含有与将要建立和编辑的文件相同值的文件，那么点击替代"Replace All"，将恢复至相同参数状态，这些参数仍可编辑。在质量"Mass"栏目内输入样品重量。点击"Save"保存输入的信息。

（2）建立待脱气样品的样品分析文件。

脱气条件文件包含进行样品准备的脱气条件信息，这些文件只适合采用自动脱气控制的ASAP2020系统。按下列步骤建立脱气条件文件：在文件菜单内选择打开"Open"脱气条件"Degas Conditions"，将出现脱气条件文件窗口。在文件名栏目"File Name"内输入名字，点击"OK"，点击"Yes"产生文件，出现脱气条件对话窗口。在描述"Description"栏目内输入描述，要简洁，便于识别。输入样品预处理的抽真空时间和加热时间。点击保存"Save"，然后关闭"Close"。点击"Measurement"菜单窗口中的"Basic"工具项，进行实验数据检测的基础设置，填写样品名称"Sample Name"（juanzhi）、样品载体"Sample Form"（本次实验为KBr）。点击"Background Single Channel"，进行背景校正。点击后，开始扫描,此时窗口底部出现绿色背景扫描信号和剩余扫描次数"Background: 2 scans"。结束时,扫描信号消失。打开仪器检测室窗口门,将制好的样品垂直插入检测室中的样品架上,使光束通过样品中心,关闭检测室。点击"Sample Single Channel",进行样品扫描,此时窗口底部出现样品扫描信号和剩余扫描次数"Sample: 2 scans"。结束时,扫描信号消失,界面自动切换到测试界面,数据测试完毕。

5.3.3 实验数据与结果

1. 数据处理

从文件"File"菜单选择列表"List";从出现的对话窗口,选择列表文件。在目的地"Destination"栏目用下拉箭头选择输出目的地,如果选择文件"File"为目的地,需要输入文件名称"File Name"。点击"OK",产生新建的输出文件。输出分析结果等温吸附和脱附线数据,在文件"File"菜单中的输出选项"Export"可以输出等温线数据文件为 ASCII 文件。输出文件包括绝对压力列、相对压力列、吸附体积、测试时间。从文件"File"菜单,选择输出"Export",出现输出文件对话窗。从文件"File"名称窗口选择文件。选择输出目的地,当选择文件为目的地时,重新输入文件名称。点击"OK",文件被输出。本组实验数据导出后,经数据软件 Origin 处理后得到数据图 5.2。

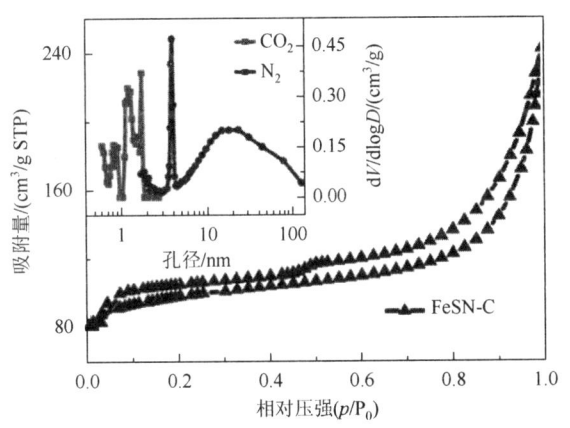

图 5.2 FeSN-C 产品的氮吸附测量

2. 结果分析

通常,比表面积和孔径在电极材料的电化学性能中起重要作用。为了表征特定面积和孔隙率,进行 FeSN-C 产品的氮吸附测量。以下数据可以从数据处理中得到的报告直接查阅到。基于图 5.2 所示的吸附/解吸曲线,FeSN-C 的比表面约为 658.5 m^2/g,并且总孔体积约为 0.379 cm^3/g。基于密度泛函理论的计算表明具有 2.3 nm

的平均孔径的宽孔径分布。这种配置将有利于电解质迁移和渗入电极，导致电化学反应的动力学增强。

5.3.4 实验关键与讨论

（1）分析时将深色安全罩挂在杜瓦瓶外，保证安全；分析站装样品管时要套上等温套；升降机下不要放杂物；所测样品一定要是干燥的。

（2）清洁冷阱管（1个月），根据实际情况，以管中有异物为准，升降冷阱杜瓦瓶时注意安全，小心冷阱管。冷阱杜瓦瓶液氮每隔一天加一次。

清洗冷阱步骤：关闭分子泵、干泵、油泵；等待 10 min 后，打开分析站流程图（点击"Unit1-show instrument schematic"），进入手动模式（点击"Unit1-enable manual control"）。先关闭所有阀门，然后打开 P_S、5、7、1、P_1 阀门回填到一个大气压（760 mmHg）。再关闭所有阀门。打开脱气站流程图（点击"Unit1-degas-show instrument schematic"），进入手动模式（"Unit1-degas-enable manual control"），先关闭所有阀门，然后打开 D_5、D_7 阀门。回填一个大气压，再关闭所有阀门。拆冷阱管清洗，烘干。

（3）如果油液下降到最低刻度（正常刻度为 1/2～2/3），应加油（由于消耗少，一般一到两年加一次）。油泵的油气阱中氧化铝球要定期更换，以氧化铝球变颜色为准（超过一半以上变色需更换），新氧化铝球使用前要烘干（250 ℃，4 h）不能使用已用过的氧化铝球。

（4）分析杜瓦瓶中会累积冰，累积到一定程度需要将冰融化，清洗杜瓦瓶。

（5）仪器如果短时间不用，不用关机，保持内部管路的真空度；如果长时间关机或更换气瓶，重新接好管路后再次开机时，应先手动抽真空数小时，具体方法如下：

① 进入仪器脱气示意图（点击"Unit1-degas-show degas schematic"），进入手动模式（点击"Unit1-degas-enable manual control"），手动打开 D_5 阀抽真空，抽到真空后打开 D_7 通气体 30 s，关闭 D_7 阀，继续抽真空，取消"Unit1-degas-enable manual control"。

② 进入仪器分析示意图（点击"Unit1-show instrument schematic"），进入手动模式（点击 Unit1-enable manual control），手动打开 1、2、4、5、7、P_V、P_S 阀抽真空，然后手动打开 P_1 阀门通 N_2，30 s 后关掉 P_1；再手动打开 3 号阀门通氧气，30 s 后关掉 3 阀，达到洁净管路的目的。然后取消"Unit1-enable manual-control"，抽真空后可直接进行分析。[27]

第 6 章

电化学工作站及其研究性案例

6.1 电化学工作站的基本原理

电化学工作站（electrochemical workstation）的本质是用于控制和监测电化学池电流和电位以及其他电化学参数变化的仪器装置。电化学工作站将一个恒电位仪、信号发生器及其相应的控制软件进行有机的结合，可以在电脑的控制下完成开路电位监测、恒电位（流）极化、动电位（流）扫描、循环伏安、恒电位（流）方波、恒电位（流）阶跃及电化学噪声监测等多项测试功能。测量过程中可以根据数据实时绘图，对电位-电流曲线进行各种平滑和数字滤波处理，并可直接将图形以矢量方式输出。[28, 29]

6.2 电化学工作站简介

如图 6.1 所示，电化学工作站是电化学测量系统的简称，是电化学研究和教学常用的测量设备。将这种测量系统组成一台整机，内含快速数字信号发生器、高速数据采集系统、电位电流信号滤波器、多级信号增益、IR 降补偿电路以及恒电位仪、恒电流仪，可直接用于超微电极上的稳态电流测量。如果与微电流放大器及屏蔽箱连接，可测量 1 pA 甚至更低的电流；如果与大电流放大器连接，电流测量范围可拓宽为 ±100 A。某些实验方法的时间尺度的数量级可达 10 倍，动态范围极为宽广，一些工作站甚至没有时间记录的限制。可进行循环伏安法、交流

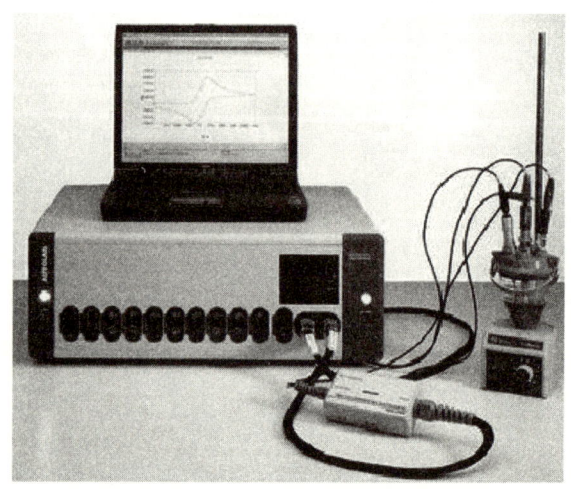

图 6.1 电化学工作站

阻抗法、交流伏安法、电流滴定、电位滴定等测量。电化学工作站可以同时进行两电极、三电极及四电极的工作方式。四电极可用于液/液界面电化学测量，对于大电流和低阻抗电解池（如电池）也十分重要，可消除由于电缆或接触电阻引起的测量误差。仪器还有外部信号输入通道，可在记录电化学信号的同时记录外部输入的电压信号，如光谱信号、快速动力学反应信号等。这对光谱电化学、电化学动力学等实验极为方便。

电化学工作站主要有单通道工作站和多通道工作站两类，区别在于多通道工作站可以同时进行多个样品测试，较单通道工作站有更高的测试效率，适合大规模研发测试需要，可以显著加快研发速度。

【技术指标】

（1）控制电位：±10 V；电流：±250 mA；上升时间：≤2 μs，槽压：±12 V。

（2）电位分辨率：0.1 mV；主采样速率：500 kHz；灵敏度：0.1～10～12 A/V，共 34 档。

（3）辅助采样系统：20-bit@ 1 kHz，24-bit@ 10 Hz。

（4）电路测量下限：小于 50 pA，电位电流的自动或手动滤波。

（5）自动或手动 IR 降补偿，自动电位和电流的调零。

（6）电解池控制信号（TTL 输出）：除气、搅拌、敲击，与 BAS 的电解池及 CGME 匹配。

（7）旋转电极控制：0～10 V 输出对应于 0～10 000 r/min 的转速，与 Pine 的 AFMSRXESYS 匹配。[30, 31]

6.3 电化学伏安法在确定小分子抗癌药物与小牛胸腺 DNA 相互作用中的应用

6.3.1 研究背景与意义

以小牛胸腺 DNA（CT-DNA）为靶点的抗癌药物的设计与筛选是当前化学、生物学以及药学领域的研究热点之一。这种靶向 CT-DNA 的药物治疗可望有效降低化疗药物的毒副作用和癌细胞的耐药性，并大大抑制恶性肿瘤的复发。5-氟尿嘧啶（5-FU）是 40 多年来临床治疗结直肠癌、胃癌、乳腺癌等多种癌症的首选抗代谢化疗药物，但由于其对癌细胞和正常细胞的较低选择性，5-氟尿嘧啶在杀死癌细胞的同时也会严重损伤正常细胞，这给临床应用带来严重问题。为克服临床应用时的毒副作用，提高药效，将 5-氟尿嘧啶进行靶向恶性肿瘤的特异性药物设计是重要的有效途径之一。目前，多种分子如氨基酸、葡萄糖、糖苷、卟啉、短肽等已被用来修饰 5-氟尿嘧啶分子，以提高其对恶性肿瘤的亲和性，但如何快速、简便且经济地从大量的 5-氟尿嘧啶衍生物中筛选出高活性的抗癌前体药仍是目前亟须解决的科学问题。电化学法具有直接、简便、高灵敏、低成本且易集成化等优点，目前已在双链 DNA（ds-DNA）配体分子的筛选和 G-四螺旋 DNA 构象转变研究中获得广泛应用，特别是 Bard、Scatchard 和彭图治等相继提出了靶向分子与 DNA 相互作用的电化学模型公式，这些公式能够快速、简便地测定 DNA 与靶向分子的结合常数，从而能够根据特征电化学参数的改变来预测靶向分子的活性以及对癌细胞的毒效应。为此，温州大学胡茂林教授课题组以自组装法制得的 CT-DNA 修饰的金电极为工作电极，采用循环伏安法，以 $Fe(CN)_6^{3-/4-}$ 为电活性指示剂，研究了非电活性手性抗癌药物（R）/（S）-2-（5-氟尿嘧啶-1-乙酰基）氨基-1,5-戊二酸二甲酯与 CT-DNA 的相互作用。

6.3.2　实验准备与过程

1. 样品准备

配体的合成：在 250 mL 三口烧瓶中加入 3.76 g（20 mmol）5-氟尿嘧啶-1-基乙酸和 3.24 g（24 mmol）1-羟基苯并三氮唑，用 60 mL N,N-二甲基甲酰胺（DMF）溶解，降温至 0 ℃，缓慢滴加含有 6.18 g（30 mmol）N,N'-二环己基碳二亚胺的 DMF 溶液 20 mL，约 2 h 滴完。自然升至室温，反应 6 h，再加入 4.31 g（20 mmol）（R/S）-苯丙氨酸甲酯盐酸盐和 2.8 mL（20 mmol）三乙胺至上述溶液中，搅拌 5 h 后抽滤，减压蒸去溶剂 DMF，装柱，用石油醚/乙酸乙酯（体积比 1∶3）淋洗，蒸去溶剂，得到化合物（R/S）-2-苄基-2-（5-氟尿嘧啶-1-基）甲基甲酰基氨基乙酸甲酯。

将 1.74 g（5 mmol）（R/S）-2-苄基-2-（5-氟尿嘧啶-1-基）甲基甲酰基氨基乙酸甲酯溶于 15 mL NaOH（2 mol/L）的水溶液中，室温下搅拌直到完全水解后（用 TLC 跟踪反应），用浓盐酸调节 pH 至 4～5，部分溶剂挥发后，得到的固体用丙酮和乙醇重结晶，然后用 10 mL 乙酸乙酯洗涤产品 3 次，得化合物（R/S）-2-苄基-2-（5-氟尿嘧啶-1-基）甲基甲酰基氨基乙酸，再用 N,N-二甲基甲酰胺和水重结晶得到无色针状晶体。

2. 电极预处理

首先将直径为 2.0 mm 的 CHI101 型金电极依次用 1.0 μm、0.3 μm 和 0.05 μm 的氧化铝超细粉研磨抛光，然后在 90 ℃的 piranha 液（浓硫酸与过氧化氢体积比为 7∶3）中放置 10 min，接着在无水乙醇和超纯水中分别超声 5 min。洗净后的金电极再在 0.5 mol/L 的硫酸溶液中于 –0.3～1.5 V 范围进行电化学活化，直到获得稳定的循环伏安图。

3. DNA 修饰电极的制备

上述处理好的金电极经高纯水洗净后，在电极表面分别滴加 1 滴 100 μmol/L

CT-DNA溶液，置于干燥器过夜后用超纯水浸4 h，除去物理吸附的CT-DNA，获得实验所需的CT-DNA修饰金电极，记为CT-DNA/Au。

4. 检测流程

打开电脑，开仪器。将电极夹头夹到对应的工作电极，分别以裸金电极、CT-DNA/Au为工作电极，Ag/AgCl电极为参比电极，辅助电极铂丝上，电化学实验在自行设计的恒温三电极石英电化学池（50 mm×20 mm×50 mm）中进行，实验前预先在电化学池加入一定量的包5 mmol/L 电活性指示剂$Fe(CN)_6^{3-/4-}$和0.1 mol/L KCl支持电解质的Tris-HCl缓冲溶液。运用循环伏安法测定各电极在不同（R/S）-2-苄基-2-（5-氟尿嘧啶-1-基）甲基甲酰基氨基乙酸浓度和不同扫描速率条件下的伏安曲线。打开对应软件，点击"Setup"→"Technique"，设定为"Cyclic Voltammetry"（即循环伏安法）→"OK"，设置参数→"Setup"→设置"Parameters"中"Init E"为0.6 V，"High E"为0.6 V，"Low E"为–0.2 V，"Scan Rate"为0.1，"Sweep Segments"为2，"Sensitivity"为1×10^{-4}→"OK"。参数设置完之后，点击"Run"即可开始扫描CV曲线。

实验结束后，可执行"Graphics"菜单中的"Present Data Plot"命令进行数据显示。这时实验参数和结果（如峰高、峰电位和峰面积等）都会在图的右边显示出来。可做各种显示和数据处理，很多实验数据可以用不同的方式显示。在"Graphics"菜单的"Graph Option"命令中可找到数据显示方式的控制，例如，CV可允许选择任意段的数据显示，CC可允许Q-t或Q-t0.5的显示，ACV可选择绝对值电流或相敏电流（任意相位角设定），SWV可显示正反向或差值电流。

存储实验数据，可执行"File"菜单中的"Save As"命令。文件总是以二进制"Binary"的格式储存，用户需要输入文件名，但是不必加".bin"的文件扩展名。

一般情况下，每次实验结束后电解池与恒电位仪会自动解开。做流动电解池检测时，往往需要电解池与恒电位仪始终保持接通，以使电极表面的化学转化过程和双电层的充电过程结束而得到很低的背景电流。

6.3.3 实验数据与结果

1. $Fe(CN)_6^{3-/4-}$与CT-DNA的相互作用

从图6.2可知，当裸金电极表面修饰CT-DNA后，电活性指示剂$Fe(CN)_6^{3-/4-}$的氧化和还原峰电流明显下降，且峰电位发生正向移动现象。这说明组装在金电极表面的CT-DNA作为电子和物质传递的阻碍层降低了铁氰化物向电极表面的扩散，同时电位正向移动也说明$Fe(CN)_6^{3-/4-}$通过嵌插模式与CT-DNA发生作用。

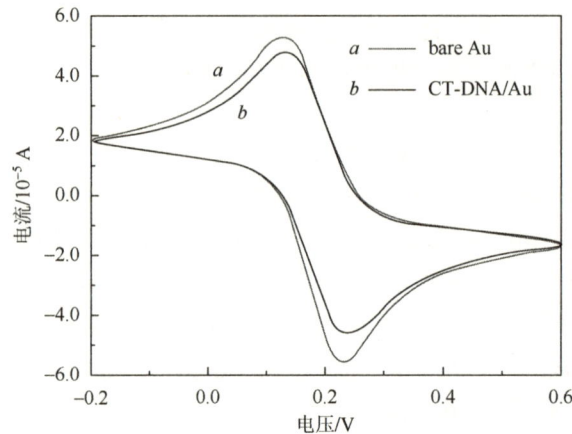

图 6.2 在含 0.1 mol/L KCl 和 5 mmol/L $Fe(CN)_6^{3-/4-}$ 的 pH 7.3 Tris-HCl 缓冲溶液中的 CV 图

2.（R/S）-2-苄基-2-（5-氟尿嘧啶-1-基）甲基甲酰基氨基乙酸与 CT-DNA 的相互作用

由图 6.3 和 6.4 可知，随着（R/S）-2-苄基-2-（5-氟尿嘧啶-1-基）甲基甲酰基氨基乙酸浓度的不断增加，体系峰电流下降，峰电位稍微有所负移。根据 DNA 与靶向分子相互作用的三种模式，可以推测（R/S）-2-苄基-2-（5-氟尿嘧啶-1-基）甲基甲酰基氨基乙酸手性分子可能利用短肽链中质子化的亚氨基，通过静电结合方式与 CT-DNA 发生作用，从而占据探针分子的位置，减少 DNA 对探针分子的富集作用。

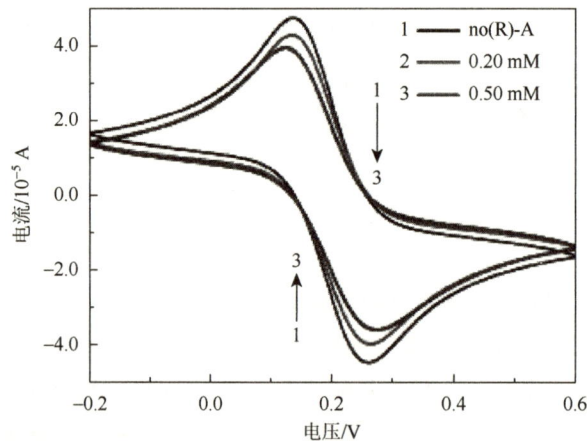

图 6.3 在含不同浓度（R）-2-苄基-2-（5-氟尿嘧啶-1-基）甲基甲酰基氨基乙酸的 Tris-HCl 缓冲溶液中的 $Fe(CN)_6^{3-/4-}$ 在 CT-DNA/Au 修饰电极上的 CV 图

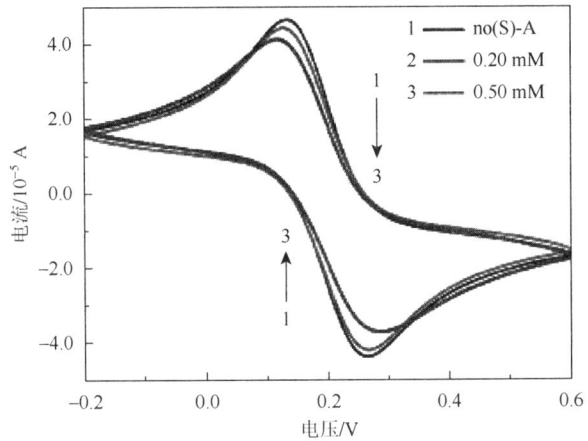

图6.4 在含不同浓度（S）-2-苄基-2-（5-氟尿嘧啶-1-基）甲基甲酰基氨基乙酸的Tris-HCl缓冲溶液中的 $Fe(CN)_6^{3-/4-}$ 在CT-DNA/Au修饰电极上的CV图

如图6.5所示，$Fe(CN)_6^{3-/4-}$ 在CT-DNA/Au上的峰电流下降值 ΔI_p（$\Delta I_p = I_{P_0} - I_p$，为未加药物时的氧化峰电流值，$I_p$ 为添加一定浓度药物分子时的氧化峰电流值）的倒数与药物浓度的倒数呈现良好的线性关系，这一结果与应用于研究 DNA 与药物分子相互作用的朗缪尔公式相吻合：

$$\frac{1}{\Delta I_p} = \frac{1}{\Delta I_{p,\max}} + \frac{1}{\Delta I_{p,\max} k} \cdot \frac{1}{[drug]} \tag{6.1}$$

其中，$\Delta I_{p,\max}$ 为最大的峰电流差；k 为DNA与药物分子的结合常数；[drug]为药物分子的浓度。根据公式（6.1）计算（R/S）-2-苄基-2-（5-氟尿嘧啶-1-基）甲基甲酰基氨基乙酸药物分子与CT-DNA的结合常数，分别为 4.255×10^3 L/mol 和 6.23×10^2 L/mol。由数据可知，（R）-2-苄基-2-（5-氟尿嘧啶-1-基）甲基甲酰基氨基乙酸与DNA的结合常数是（S）-2-苄基-2-（5-氟尿嘧啶-1-基）甲基甲酰基氨基乙酸的6.8倍，说明（R）-2-苄基-2-（5-氟尿嘧啶-1-基）甲基甲酰基氨基乙酸的药物分子与DNA的结合能力比（S）-2-苄基-2-（5-氟尿嘧啶-1-基）甲基甲酰基氨基乙酸更强。

通常，比表面积和孔径在电极材料的电化学性能中起重要作用。为了表征特定面积和孔隙率，进行 FeSN-C 产品的氮吸附测量。以下数据可以从数据处理中得到的报告直接查阅到。基于图6.5、6.6所示的吸附/解吸曲线，FeSN-C 的比表面积约为 658.5 m^2/g，总孔体积约为 0.379 cm^3/g。基于密度泛函理论的计算表明具有2.3 nm 的平均孔径的宽孔径分布。这种配置将有利于电解质迁移和渗入电极，导致电化学反应的动力学增强。

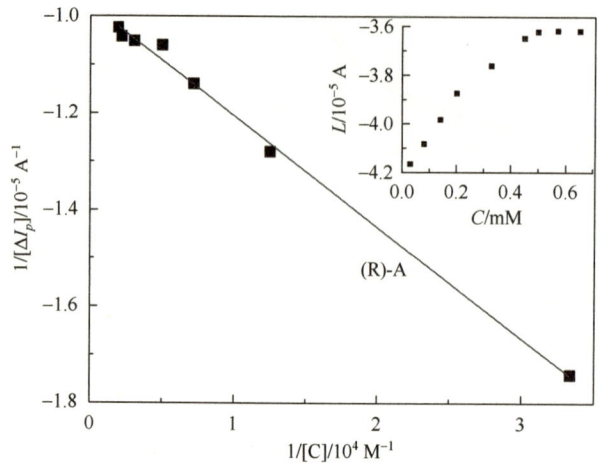

图 6.5 （S）-2-苄基-2-（5-氟尿嘧啶-1-基）甲基甲酰基氨基乙酸的 $1/\Delta IP$ 和 $1/[C]$ 的关系曲线图（插图：氧化峰电流与药物的浓度关系）

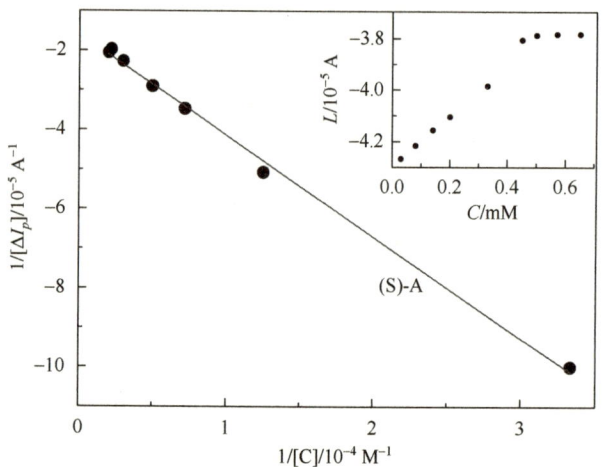

图 6.6 （R）-2-苄基-2-（5-氟尿嘧啶-1-基）甲基甲酰基氨基乙酸的 $1/\Delta IP$ 和 $1/[C]$ 的关系曲线图（插图：氧化峰电流与药物的浓度关系）

6.3.4 实验关键与讨论

（1）仪器不宜时开时关。仪器的电源应采用单相三线，其中地线应与大地联系良好，地线的作用不但可起到机壳屏蔽以降低噪音，而且也是为了安全，不致因漏电而引起触电。

（2）电极夹头长时间使用造成脱落，如果需要自行焊接，必须注意夹头不能和同轴电缆外面一层网状的屏蔽层短路。

（3）实验中如果需要电位保持或暂定扫描（仅对伏安法而言），可用"Control"菜单中的"Pause/Resume"命名。

（4）电极夹夹电极的过程中，不能触碰到溶液，否则会腐蚀电极夹。

（5）三电极测试过程中，工作电极、参比电极和饱和甘汞电极不能碰到一起，否则会造成短路。

（6）设置参数时，灵敏度可根据测试需要进行更改。

（7）实验采用 0.1 mol/L 的 KCl 为支持电解质，其作用是保持体系具有恒定的离子强度，同时可保证组装在金电极表面的 CT-DNA 片段以稳定的形式存在，实验温度为（25±0.1）℃，电化学测试前所有溶液均用氮气除去游离氧。[32-34]

第 7 章

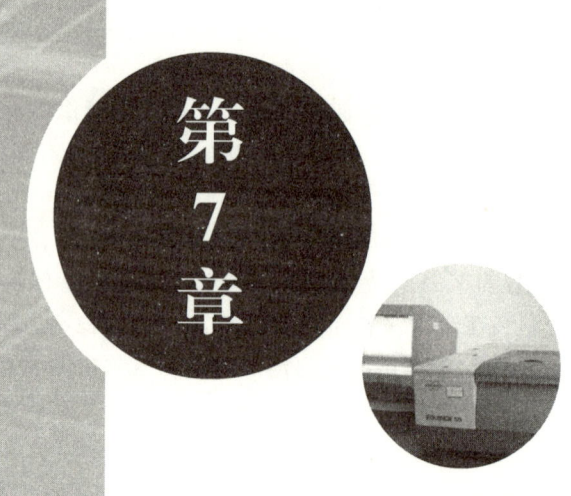

气相色谱-质谱联用仪及其研究性案例

7.1 气相色谱-质谱的发展及基本原理

质谱（mass spectrometry，MS）和气相色谱（gas chromatography，GC）是分析检测中的常用手段。质谱直接分析检测样品时，要求样品是纯的或比较纯的，如简单混合物，则各组分应具有基本互不干扰的特征质谱峰。对于成分复杂的混合物，由于杂质峰、碎片峰等重叠、干扰，谱图过于复杂，难以进行多组分的分析、鉴定。色谱是目前分离复杂混合物最有效的方法，然而由于色谱自身不具备定性能力或定性可靠性欠佳，将色谱分离能力与质谱定性、结构鉴定能力结合起来，可实现复杂混合物的分析。气相色谱-质谱联用仪（简称为气质联用仪）是较早实现联用技术的仪器。自1957年J. C.霍姆斯（J. C. Holmes）和F. A.莫雷尔（F. A. Morrell）首次实现气相色谱和质谱联用以来，这一技术得到了长足的发展。在所有的联用技术中，GC-MS的发展最为完善，应用也非常广泛。

一般典型的气质联用仪主要组成如图7.1所示。其基本原理为：气相色谱仪器将复杂混合物试样各组分分离后，依次流入气相色谱仪与质谱仪器之间的接口装置，并顺序进入质谱系统，经质谱分析检测后，按时序将测试数据传递给计算机系统并存储。气质联用仪各部件功能如下：气相色谱实现对复杂试样的分离，接口充当适配器，让气相色谱仪的大气压操作环境与质谱仪的真空操作体系相匹配；质谱仪实现对各组分的检测分析，计算机控制系统交互控制着气相色谱仪、接口、质谱仪以及数据采集、处理等，是仪器的核心控制单元。[35]

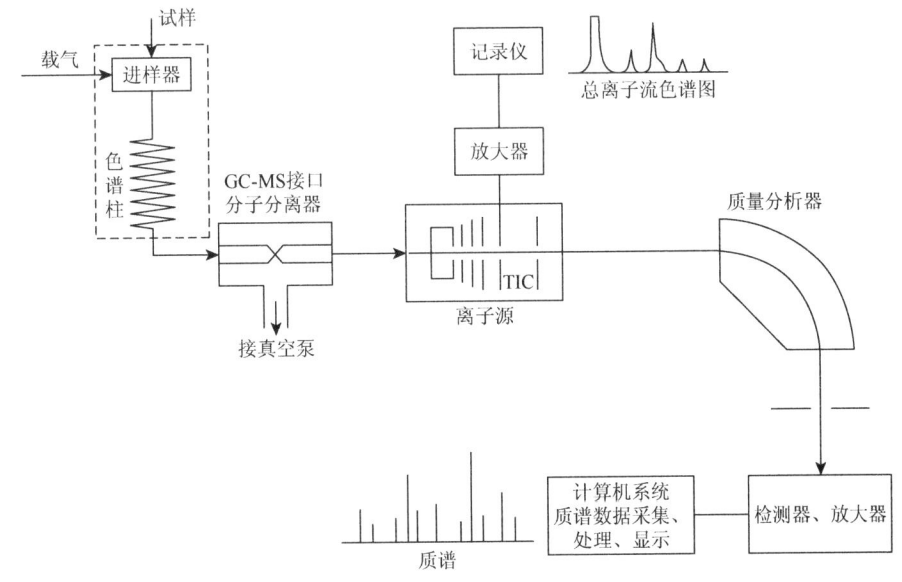

图7.1 气质联用仪的主要组成示意图

7.2 GC-MS-QP2010 Plus 气质联用仪简介

如图 7.2 所示，GC-MS-QP2010 Plus 气质联用仪是由日本岛津公司生产制造的。气质联用仪是用于分离的气相色谱仪与用于测量分子量的质谱仪联用的仪器，特点是可以快速、精确地对混合化学品进行分离，并同时对各个组分进行较为精确的定性和定量分析。

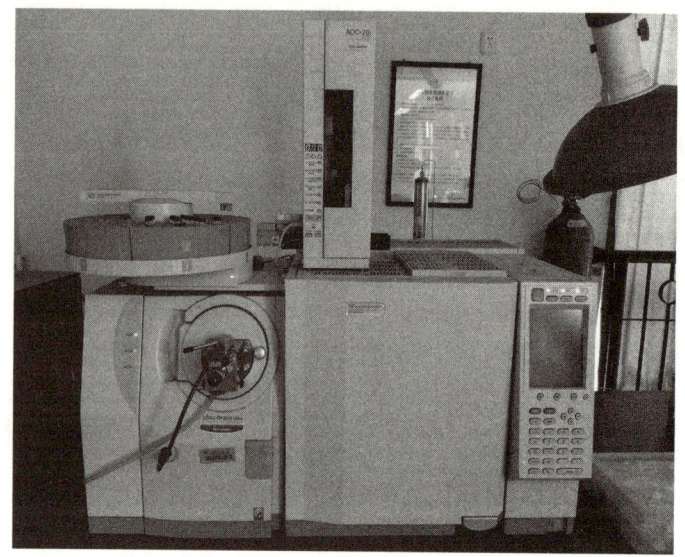

图 7.2 GC-MS-QP2010 Plus 气质联用仪

【技术参数】

（1）柱温箱。

温度范围：室温 4～450 ℃（使用液态二氧化碳时–50～450 ℃）；

尺寸：长 280 mm×宽 175 mm×高 280 mm；

内部容积：13.7 L；

温度准确度：设定值（K）±1%（可 0.01 ℃校准）；

温度偏差：2 ℃以内（在距内壁 30 mm，直径为 200 mm 的圆周上）；

室温变化相关性：小于 0.01 ℃/℃；

程序段数：20 段（可用降温程序）；

程序比率设定范围：–250～250 ℃/min；

程序合计时间：0～9 999.99 min；

冷却速度：450～50 ℃约 3.4 min。

（2）进样单元。

最多可安装 3 个进样单元，每个单元进行独立温控（同时安装的数量取决于进样单元的类型）；标准配置为分流/无分流进样单元。

分流/不分流进样单元（SPL-2010 Plus）温度范围：室温 5～450 ℃；

直接（全量）进样单元（WBI-2010 Plus）温度范围：室温 5～450 ℃；

柱上进样/程序升温进样单元（OCI/PTV-2010）温度范围：室温 5～450 ℃；

升温速度：50～450 ℃ 3 min 以内；

冷却速度：450～50 ℃ 8 min（柱温 50 ℃时）；

升温程序：最大升温速度 250 ℃/min，可 7 段升温，柱上进样各程序升温进样单元可切换（OCI 和 PTV 的变更必须更换分流配管的连接）。

【主要特点】

（1）柱温箱快速冷却。增加了独立的冷却风扇，并优化了空气循环，使柱温箱冷却速度大幅度提高（从 450 ℃降至 50 ℃仅需要 3.4 min）。风扇噪声也降至最低。当使用反吹功能时，分析时间将进一步缩短。

（2）先进的流路技术（Advanced Flow Technology，AFT）系列。新的流路控制技术满足高通量、高效率分析。

7.3 GC-MS-QP2010 Plus 气质联用仪在钯催化靛红酸酐与芳基硼酸脱羧偶联机理探究中的应用

7.3.1 研究背景与意义

邻氨基苯甲酸芳酯类化合物是诸多天然产物和药物分子的主体骨架，对该结构的合成一直是药物开发设计的热点和难点。钯催化靛红酸酐与芳基硼酸脱羧偶联能高效快速地构建此类化合物。对与该反应机理的探究十分重要，对机理深度准确地挖掘不仅可以增加对此类反应的理解和掌握，方法学研究予以完善，而且对该骨架相关结构的合成也具有重要的参考和指导作用。

气质联用仪是有机化合物常规检测的必备工具，在组分含量测定、化合物结构确定等方面被广泛使用，其表征数据是重要的参考指标。主要适用范围为：①有机化合物纯样品定性分析，给出样品的碎片信息，根据标准质谱确定化合物的分子式、分子量、结构式；②可气化的有机化合物样品的组分分析，测定混合样品中的可气化组分的分子量、分子式、结构式。在此研究过程中，利用 GC-MS-QP2010 Plus 气质联用仪可以实时跟踪对照反应过程中中间体和反应产物的分子量及碎片峰，对钯催化靛红酸酐与芳基硼酸脱羧偶联的具体反应过程给出精准信息，指导准确认识此反应的机理。

7.3.2 实验准备与过程

1. 样品准备

图 7.3 所示为钯催化靛红酸酐与芳基硼酸脱羧偶联反应的具体反应过程。

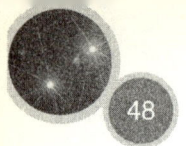

图 7.3 靛红酸酐与芳基硼酸脱羧偶联反应

在以前报道的关于芳基硼酸参与的偶联反应中,机理研究基本验证为体系中的水(溶剂中所含的水和空气中的水)提供氧源,而此反应的氧是与原文献报道的机理一致——来自于水,还是通过新的途径——来自于氧,需要通过实验设计进行准确验证。

此反应的实验通则如下:靛红酸酐 1(0.4 mmol),芳基硼酸 2(1.2 mmol),$Pd_2(dba)_3$(5 mol%),配体 DPEphos(10 mol%),N-甲基哌啶(N-methylpiperidine)(1.2 mmol)于 2.5 mL 四氢呋喃(THF)中在 60 ℃的条件下反应 24 h 后,经过柱层析分离纯化得到目标产物邻氨基苯甲酸芳酯类化合物 3。

为验证其具体的反应机理,设计如下两组实验:

(1)在原实验条件下,向反应体系中加入 3 当量氧 18 的水($^{18}OH_2$);

(2)在原实验条件下,将反应体系所需的氧气改变为氧 18 的氧气($^{18}O_2$)。

在反应结束后,对于所得的目标产物,利用 GC-MS-QP2010 Plus 气质联用仪进行分子量检测分析。

对于设计的两组对照实验反应结束后进行柱层析分离纯化,计算相应收率,并且对所得的产物利用二氯甲烷溶解后配置适宜浓度装入专用的 GC 瓶中,即可直接进行分析检测。

2. 仪器准备

依次开启氦气(0.4~0.5 MPa)、计算机电源、GC 电源、MS 电源。双击"GCMS Real Time Analysis"图标,屏幕出现"登录"对话框。输入用户名和密码,然后单击"确认"。双击计算机桌面的"GCMSsolution"图标,GCMSsolution 软件启动,屏幕出现 GCMS 实时分析窗口。进入实时分析菜单后,点击真空控制,启动,开始抽真空。待真空度降至 100 mTorr 以下,设定离子源温度。

双击桌面"GCMSsolution"图标,进入气质联用工作站,设定气相色谱条件:

进样口、柱箱温度、检测器、载气流量、分流比等；质谱条件：电离方式和条件、数据采集模式和范围。保存编辑好的方法。完成以上操作后即可进行样品测试。

3. 检测流程

GC-MS-QP2010 Plus气质联用仪配有自动进样器，在自动进样操作界面具体测试操作如下：在启动GCMSsolution软件后出现的界面（仪器在运行时直接调出此界面）进行添加待测样品。

（1）将样品放于自动进样器空置的孔位；

（2）在工作页面，点击调出后缀为".qgb"的任务栏；

（3）点击上方任务栏右侧蓝色键■；

（4）点击加样条框，鼠标右键单击，选择"属性"，然后选择"Add Role"，在对应的编号位置进行样品添加；

（5）选择运行程序类型，调用方法；

（6）选择存储路径，选择文件夹，然后在样品信息栏输入样品信息（具体实验编号或样品名称），点击确定；

（7）添加结束，再点击任务栏上方■即可，所添加的样品即进行自动进样测试或排队等待测试。

7.3.3 实验数据与结果

1. 数据处理

测试软件自带数据处理功能。在测试界面左上角"File"中调出存储数据文件夹中测试的数据，双击打开，选择出峰位置，对应显示该峰对应化合物的分子离子峰，即可进行数据分析，所得结果可以方便地存于Office文档中。其操作界面如图7.4所示。

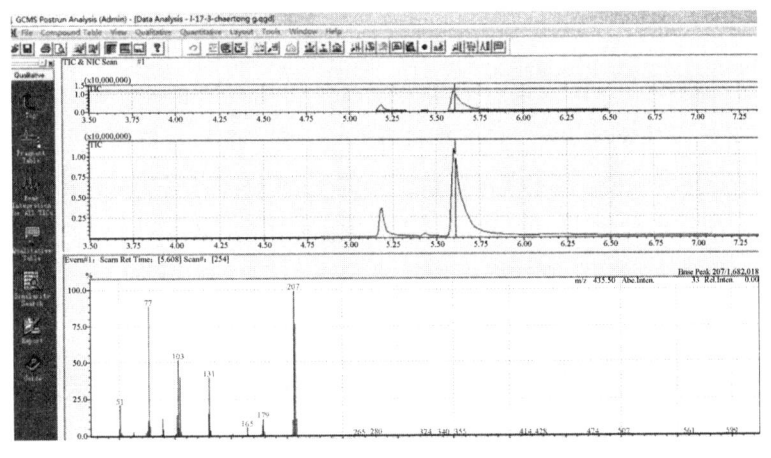

图 7.4　GC-MS-QP2010 Plus 气质联用仪数据处理操作界面

对于以上设计的两组对照实验，GC-MS-QP2010 Plus 气质联用仪所测得的产物数据如图 7.5 所示。

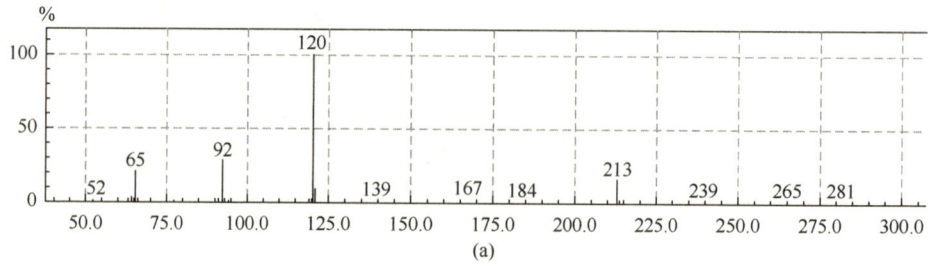

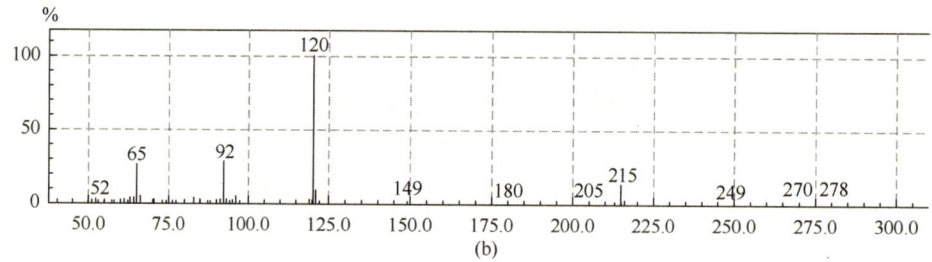

图 7.5　对照实验产物 GC-MS 数据

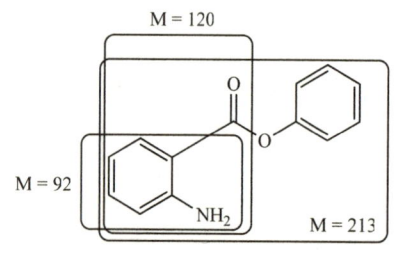

图 7.6　产物结构及碎片分子量

2. 结果分析

对于设计的对照产物的 GC-MS 数据分析可以发现，均有丰度为 100 的分子量为 120 的碎片峰，以及较高含量的分子量为 92 的碎片峰。这两组峰是如图 7.6 所示的片段峰。这也进一步确认了产物结构的准确性。

化合物的整体分子量为 213，在两组实验中：

（1）向反应体系中加入 3 当量氧 18 的水（$^{18}OH_2$）后得到的产物分子量为 213；

（2）反应体系在氧 18 的氧气（$^{18}O_2$）中进行时得到的产物分子量为 215。

这充分证明产物中与苯环直接相连的氧来自于氧气，所得结果如图 7.7 所示。

基于 GC-MS 提供的实验数据，可以给该反应一个准确的实验机理如图 7.8 所示。

氧气与钯催化剂作用生成中间体 A，然后芳基硼酸作用得到中间体 B，靛红酸酐与 B 作用后发生脱羧后得到 C，经过消除得到目标产物和催化剂。[36]

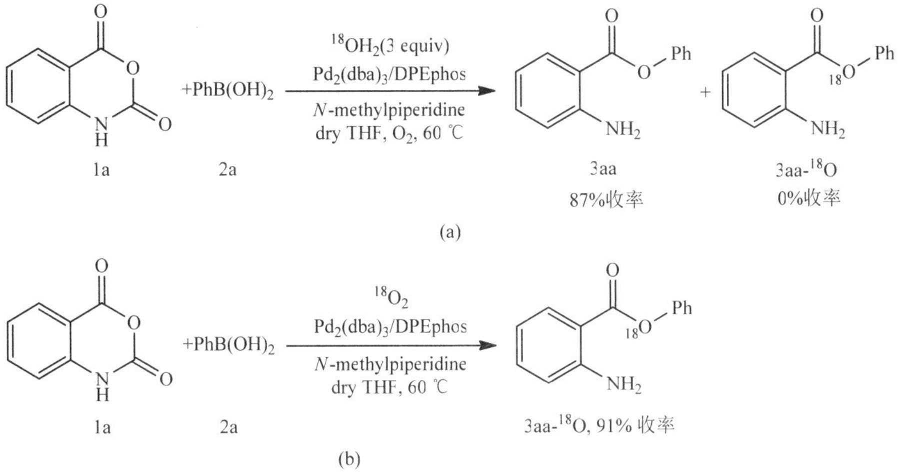

图 7.7 基于 GC-MS 数据所得对照实验结果

7.3.4 实验关键与讨论

（1）要了解样品中的待测成分及其沸点，沸点太高不能进样。无机化合物、强极性物质、羧酸等也不能直接用 GC-MS 分析，有些高沸点、强极性的有机化合物可以经过衍生化后进行分析。

（2）配制样品时，注意控制样品浓度。

（3）待测体系不含水，否则进行除水处理。

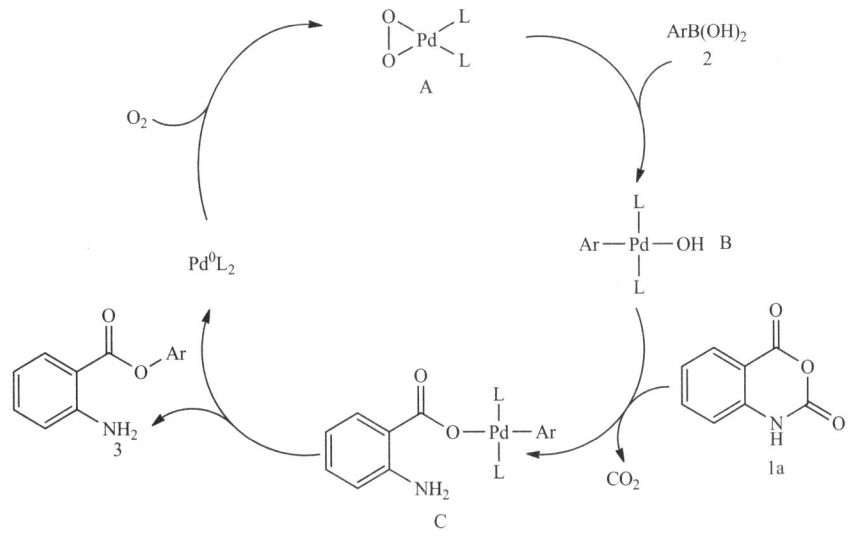

图 7.8 基于 GC-MS 数据对反应机理推测

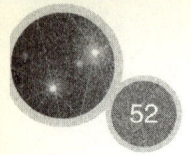

（4）保证样品为均一液相，不含固体悬浊物，以免发生堵塞。

（5）不能使用水、乙醇、DMF、DMSO等作为溶剂溶解样品进样。

（6）样品必须溶解在低沸点的有机溶剂中，如甲醇、二氯甲烷、丙酮、乙醚等。

（7）溶解样品的溶剂应当是色谱纯等级。

（8）样品进样前，需用针式过滤器进行过滤。

（9）新柱子安装时无方向性，一旦使用过，不要再改变方向。

（10）要经常检查载气气压、泵及仪器是否漏气，衬管要天天换。

（11）要保持恒温，温度不能高于固定相能承受的最高温度。

（12）保存柱子时注意将两端密封好，避免水和空气破坏柱子内涂层。

（13）使用毛细管柱时，确保载气纯度达到99.999%。

（14）老化柱子时，要分段老化，按温度从低到高程序升温老化。老化过程中，载气必须充足。[37]

第 8 章

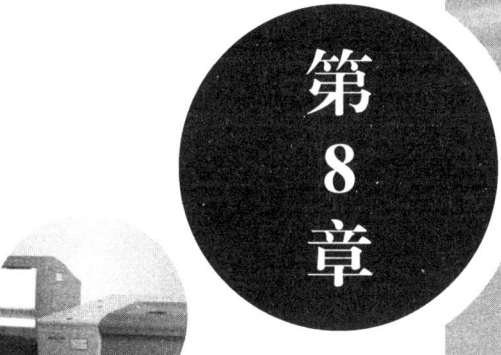

核磁共振波谱仪及其研究性案例

8.1 核磁共振波谱仪的基本原理

核磁共振（nuclear magnetic resonance，NMR）是在强磁场下电磁波与原子核自旋互相作用的一种物理现象。核磁共振波谱仪是一种研究原子核对射频辐射的吸收，对各种有机物和无机物的成分、结构进行定性、定量分析强有力的工具之一。

发现 NMR 现象至今，该领域的重要贡献者已五次获得诺贝尔奖。1944 年，美国科学家 I. I.拉比（I. I. Rabi）因建立用分子束实验测量原子核磁性质的共振方法荣获诺贝尔物理学奖；1952 年，英国科学家 F.博赫（F. Boch）和 E. M.布洛赫（E. M. Purcell）因发现宏观物质的 NMR 现象荣获诺贝尔物理学奖；1991 年，瑞士科学家 R. R.恩斯特（R. R. Ernst）因对二维 NMR 及傅里叶变换 NMR 的突出贡献荣获诺贝尔化学奖；2002 年，瑞士科学家 K.维特里希（K. Withrich）因其在发展 NMR 波谱学制定溶液中生物大分子三维结构方面的开创性贡献分享了诺贝尔化学奖；2003 年，美国科学家 P.劳特布尔（P. Lauterbur）和英国科学家 P.曼斯菲尔德（P. Mansfield）因其在磁共振成像（magnetic resonance imaging，MRI）领域的突出贡献荣获诺贝尔生理学或医学奖。后三次诺贝尔奖标志着 NMR 研究领域已从早期的物理学进入到化学和生命科学领域。

NMR 工作原理是，在强磁场中，原子核发生能级分裂，当吸收外来电磁辐射时，将发生核能级的跃迁，即产生所谓 NMR 现象。当外加射频场的频率与原子核自旋进动的频率相同时，射频场的能量才能够有效地被原子核吸收，为能级跃迁提供助力。因此，某种特定的原子核在给定的外加磁场中，只吸收某一特定频率射频场提供的能量，这样就形成了一个核磁共振信号。NMR 研究的对象是处于强磁场中的原子核对射频辐射的吸收。核磁共振波谱仪有高分辨核磁共振波谱仪和宽谱线核磁共振波谱仪两类。前者只能测液体样品，主要用于有机、生化分析；后者可直接测量固体样品，在物理学领域用得较多。另外，按工作方式核磁共振波谱仪可分连续波核磁共振波谱仪（普通波谱仪）和傅里叶变换核磁共振波谱仪。

核磁共振波谱法也是材料表征中一种主要的仪器测试方法，适用于有机化学、配位化学、药物化学、生物化学、物理化学、生命科学、材料科学等领域内化合物的结构分析和各种测量（包括一维谱和二维谱），也可用于动力学或化学反应机理研究，还可用于研究液相中特殊分子的相互作用和简单混合物的定量分析。[38-40]

8.2　500 MHz 布鲁克核磁共振波谱仪简介

现今世界上主要的核磁共振波谱仪生产商有德国的布鲁克公司,日本的 JEOL

公司以及我国的中科牛津公司。目前，一种低分辨、低磁场强度（2~65 MHz）、结构简易的小型核磁共振波谱仪，通常通过测量质子不同的核磁共振参数，对被测样品进行成分或性能分析，商用的高场波谱仪主要为200~950 MHz。核磁共振波谱仪主要由五部分组成：①磁铁。它的作用是提供一个稳定的高强度磁场，即H_0。②扫描发生器。在一对磁极上绕制的一组磁场扫描线圈，用以产生一个附加的可变磁场，叠加在固定磁场上，使有效磁场强度可变，以实现磁场强度扫描。③射频振荡器。它提供一束固定频率的电磁辐射，用以照射样品。④吸收信号检测器和记录仪。检测器的接收线圈绕在试样管周围。当某种核的进动频率与射频频率匹配而吸收射频能量产生核磁共振时，便会产生一信号。记录仪自动描记图谱，即核磁共振波谱。⑤试样管。直径为数毫米的玻璃管，样品装在其中，固定在磁场中的某一确定位置。整个试样探头是迅速旋转的，以减少磁场不均匀的影响。核磁共振波谱仪的共振频率是根据 1 H 的频率来命名的，1 H 共振频率 = 42.577 08×Ho（MHz），其中 Ho 为磁场强度，单位为 T。例如，当磁场强度为 4.7 T 时，共振频率就是 200 MHz。

500 MHz 布鲁克核磁共振波谱仪如图 8.1 所示。

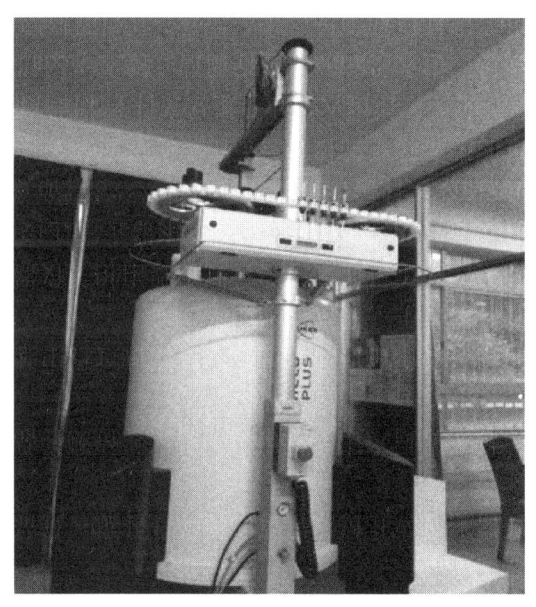

图 8.1　500 MHz 布鲁克核磁共振波谱仪

【技术参数】

（1）超导磁体：高性能主动屏蔽超导磁体系统，11.75 T（质子共振频率 500 MHz）；带减震附近的标准磁体支架，震动频率减低超过 3.5 Hz，稳定的匀场系统和前置功放。

（2）配备探头：

TXL 反相三共振探头，H-C/N-D，带 XYZ-三向梯度场，变温范围 −50~80 ℃；BBO 正相宽带探头，标准带宽范围：BB = 31P-109 Ag 共 92 个核。

（3）技术指标：

1 H 灵敏度≥350∶1（0.1% EB），13 C 灵敏度≥220∶1（ASTM）；

1 H 分辨率≤0.45 Hz（1% CDCl3），13 C 分辨率≤0.2 Hz（ASTM）5 mmTXl；

1 H 信噪比(SINO)≥900∶1（0.1% EB）。

【主要功能及应用】

（1）主要功能：可测 H、C 及 P 等各种核的 NMR 谱；配置有各脉冲程序，除常规 H、C 一维谱外，还可做 DEPT、同核及异核相关、HMBC 等一维及二维实验。

（2）应用范围：适于化学、生物、石油化工、天然产物等方面的分子结构分析、含量测定及反应机理研究等。

8.3　500 MHz 布鲁克核磁共振波谱仪在 1,3-二羰基化合物与靛红反应产物结构分析中的应用

8.3.1　研究背景与意义

1,3-二羰基化合物是有机合成中常用的一类多官能团化合物，是氧化吲哚结构的靛红类化合物时诸多天然产物和药物分子的主要骨架。它使得 1,3-二羰基化合物与靛红类化合物发生区域选择性逆转的 Aldol 反应（如乙酰丙酮的端位甲基与靛红发生 Aldol 加成反应），对于天然产物和药物分子的合成以及串联反应的开发设计具有重要作用。利用核磁检测手段对产物结构的确定是目前有机合成化合物结构确定中一种常用的手段。目前，NMR 技术已经成为化学、物理、生物、医药等领域中最重要的仪器分析手段之一。利用 500 MHz 布鲁克 NMR 技术的 H、C 谱等检测手段可以快速且准确地对产物结构进行分析，并且还能实时监测反应过程，对反应机理进行准确分析。

8.3.2　实验准备与过程

1. 样品准备

靛红与 1,3-二羰基化合物乙酰丙酮的具体反应过程如图 8.2 所示。

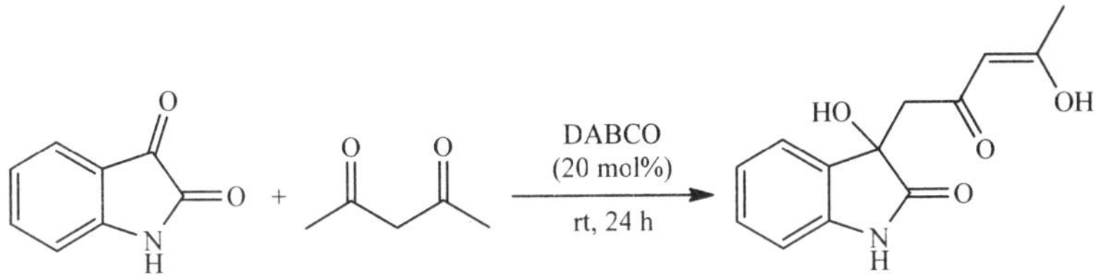

图 8.2 靛红与乙酰丙酮反应过程

具体实验操作如下：1 mmol 靛红 1 与 2 mmol 乙酰丙酮 2 在 20 mol% 叔胺 DABCO 的催化下，在 5 mL 四氢呋喃 THF 中室温条件下反应一天后，进行柱层析分离纯化干燥，得到纯的产物。

所得产物用氘代氯仿溶解后于干净核磁管中装样，用配套的洁净核磁管帽密封。样品高度约为 5 cm。保证样品均匀无固体悬浊物，并且保持核磁管外壁洁净。至此，样品准备完毕，可进行下一步核磁检测分析。

2. 仪器准备

打开主机电源开关，空压机通气开关。调试仪器正常连接以及相关参数稳定。此步骤由相关专业管理人员完成。

3. 检测过程

现一般使用的是自动进样程序，其基本步骤如下：

（1）调出自动进样的操作界面（图 8.3）；

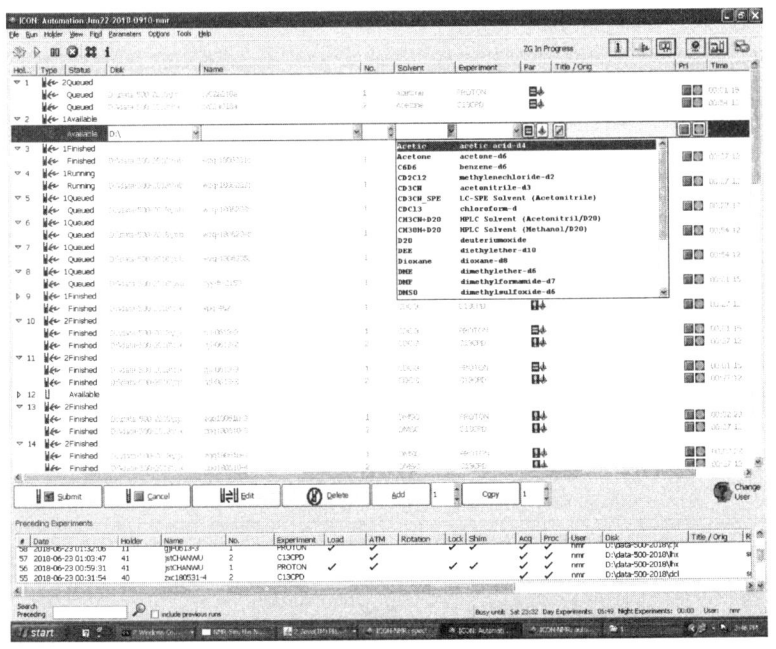

图 8.3 自动进样操作界面

（2）在相应对话框中输入具体信息，如存储路径、样品名称、氘代试剂种类、测样类型、扫描次数等；

（3）在自动进样器上对应孔位放置待测样品（注意：样品由量规校正具体高度后方可放入）；

（4）确认相关信息无误后点击"Submit"提交，待测样品处于排队等待测试状态即可。

注意：开关机的相关操作在自动化进样分析测试过程中基本不涉及。

若未配备自动进样器，手动测试步骤如下：

首先打开电源开关，空压机通气开关。此步骤由相关仪器管理人员完成。

然后打开桌面 Bruker TOPSPIN 软件，检查仪器正常连接；打开 AVANCE 进样盖；在 Bruker TOPSPIN 软件操作界面任务栏键入"ej"命令输出气体；在进样口放入经量规校正过的配备转子的核磁管；在操作界面任务栏键入"ij"命令，使样品进入磁体；操作界面任务栏键入"edc"建立文件名，保存后退出；键入"lock"命令选择溶剂进行锁场；键入"atma"进行调谐；键入"eda"调整参数 sw、d1、p1 等；键入"topshim"进行自动匀场；键入"rga"自动调整增益；键入"getprosl"读取探头参数；键入"zgefp"开始采样；键入"apks"自动调节相位；进行图谱处理，完毕后，点菜单 xwp 进行打印效果处理；样品测试完毕，盖上进样盖，并关闭空压机。

手动进样操作界面如图 8.4 所示，按照上述操作依次进行，在任务栏输入以上相应命令即可。

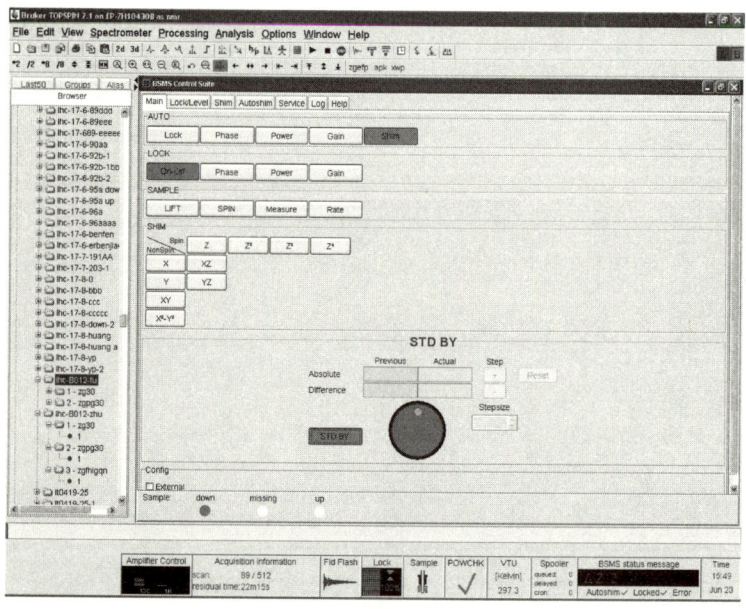

图 8.4　手动进样操作界面

由于目前布鲁克核磁共振波谱仪一般配套自动进样器,在此对手动进样仅做简要介绍,不展开详细阐述。

8.3.3 实验数据与结果

靛红与乙酰丙酮反应所得产物通过核磁检测分析,数据处理后得到的 H 谱和 C 谱如图 8.5 所示。

通过 HNMR 图 8.5(a)可以发现,产物仅仅在 2.02 处有一个 CH_3 甲基,在 2.83~2.97 处有一组同碳耦合的 CH_2,另外存在 6.85~6.88 的烯氢;结合图 8.5(b)还可以得出只有 23.74、45.10、75.15 三组脂肪族的碳、芳香族的碳、烯烃碳以及羰基碳共 10 组。从化学位移可以明确得出产物结构即为图 8.2 中产物 3 的结构,乙酰丙酮参与反应的位点为端位甲基,并且产物主要以烯醇式结构存在。

对于乙酰丙酮与靛红在叔胺 DABCO 催化条件下反应,得到的产物全部都是区域选择性逆转的端位甲基参与的反应,现有的方法学研究邻域从未报道过,有必要对其机理进行深入研究。基于此,设计了乙酰丙酮在 DABCO 的作用下通过核磁监测具体变化的实验,实验过程如下:利用 HNMR 检测在重水存在的条件下,乙酰丙酮、乙酰丙酮和 DABCO 混合时,乙酰丙酮和 DABCO 混合后 1 h、12 h、24 h 的氢谱,所得实验结果如图 8.6 所示。

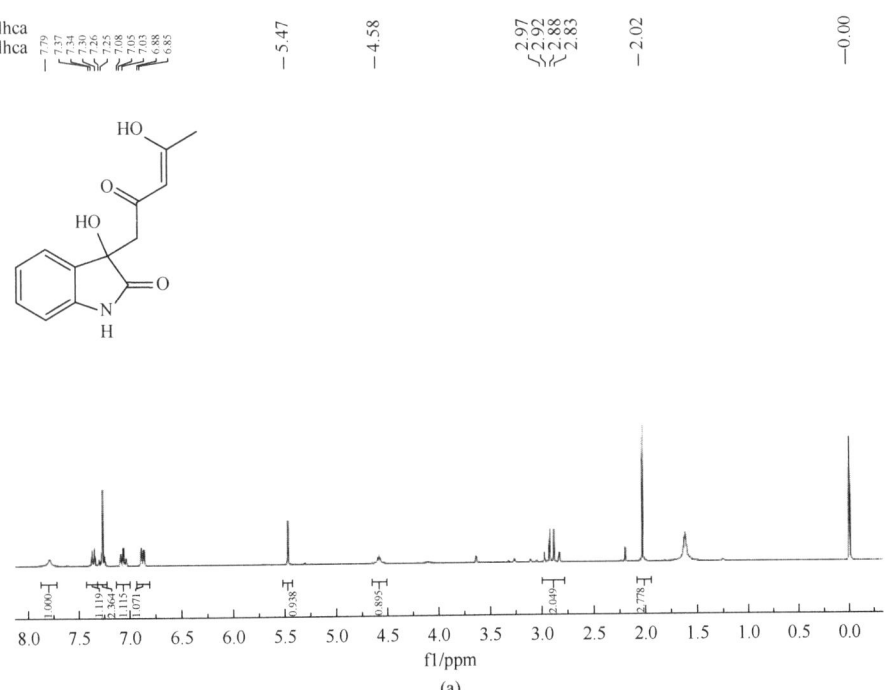

图 8.5 靛红与乙酰丙酮反应所得产物核磁 H 谱和 C 谱

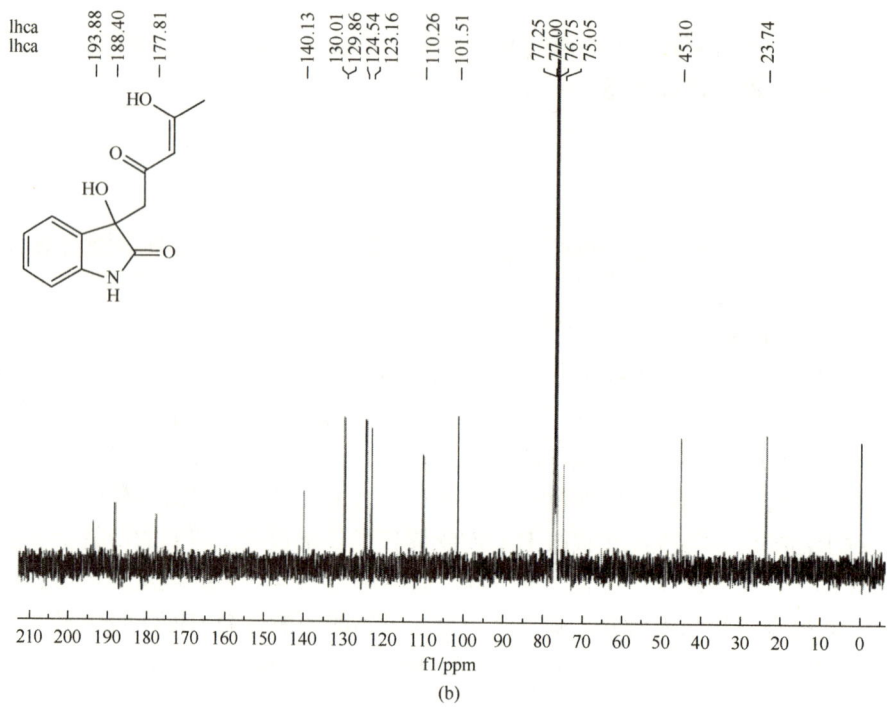

图 8.5　靛红与乙酰丙酮反应所得产物核磁 H 谱和 C 谱（续）

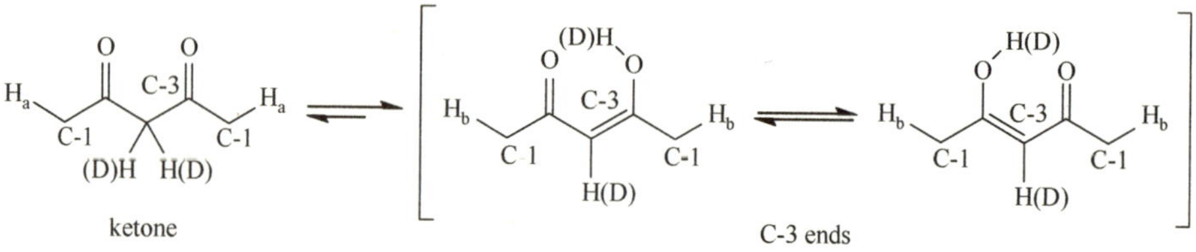

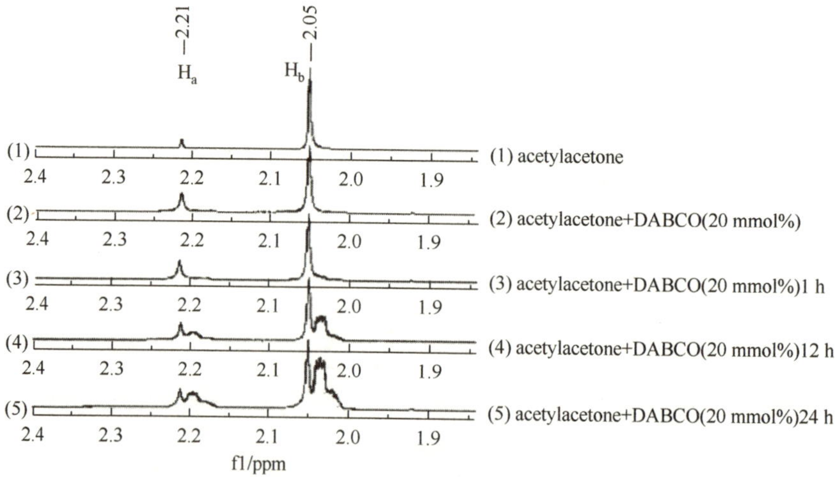

图 8.6　乙酰丙酮在 DABCO 作用下 HNMR 的变化

通过图 8.6 的核磁数据可以得出，乙酰丙酮一般自身以烯醇式的状态存在，但是其烯醇话的是中间亚甲基，如图 8.6 中的 C-3 enols，在 DABCO 的作用下，随着时间延长，端位甲基的 CH_3 出现明显裂分，说明端位甲基 CH_3 上的氢被氘代，证明在 DABCO 存在的条件下烯醇式有发生在 C-1 位，而 C-1 和 C-3 位均烯醇化的情况下，C-1 位具有位阻小、亲核能力强的优点，优先发生加成反应，并且在手性叔胺-硫脲的作用下可以控制反应的立体选择性。所以，推测具体的反应过程如图 8.7 所示。

对于乙酰丙酮与靛红在叔胺的作用下发生区域选择性逆转的端位甲基 Aldol 加成反应，在产物结构确定和机理过程探究方面，核磁分析检测提供了快捷有效的数据。为有机合成提供了重要保障。

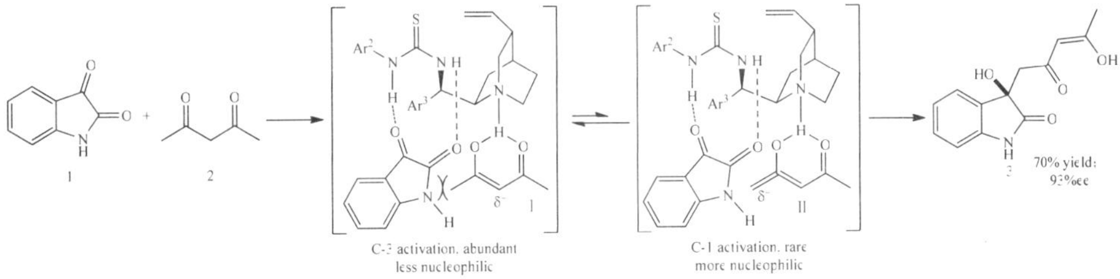

图 8.7　靛红与乙酰丙酮反应机理推测

8.3.4　实验关键与讨论

（1）核磁管应干燥洁净，外壁无水渍，汗渍等其他附着物。

（2）带测样品应该溶解良好，无顺磁性金属、不溶的悬浊物等。

（3）测试样品纯度一般应大于 95%；一般有机物须提供的样品量：1 H 谱大于 5 mg，13 C 谱大于 15 mg，对聚合物所需的样品量应适当增加。

（4）本仪器配置仅能进行液体样品分析，要求样品在某种氘代溶剂中有良好的溶解性能，选好用适宜的氘代溶剂。实验室常备的氘代溶剂有氯仿、重水、甲醇、丙酮、二甲亚砜、苯、甲苯、四氢呋喃、乙腈、吡啶、醋酸、三氟乙酸等。

在选择氘代试剂配制样品时，还要注意溶剂峰的化学位移，避免氘代试剂溶剂峰覆盖样品峰，使得测试得不到准确结果。因为测试时溶剂中的氢也会出峰，溶剂的量远远大于样品的量，溶剂峰会掩盖样品峰，在谱图中出现的溶剂峰是氘的取代不完全的残留氢的峰。另外，在测试时需要用氘峰进行锁场。由于氘代溶剂的品种不是很多，要根据样品的极性选择极性相似的溶剂，氘代溶剂的极性从小到大基本顺序大致为：苯、氯仿、乙腈、丙酮、二甲亚砜、吡啶、甲醇、水。[41]

第 9 章

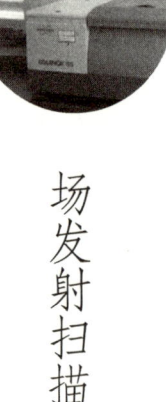

场发射扫描电子显微镜及其研究性案例

9.1 场发射扫描电子显微镜的基本原理

场发射扫描电子显微镜(field emission scanning electron microscope,FESEM)是电子显微镜的一种。1952年,英国工程师C.奥特利(C. Oatley)制造出第一台扫描电子显微镜(SEM),它是以电子束作为照明源,把聚焦得很细的电子束以光栅状扫描方式照射到样品上,产生各种与样品性质有关的信息,然后加以收集和处理,从而获得微观形貌放大像,并可对样品微区进行元素分析。

9.1.1 扫描电子显微镜的物理学基础

扫描电子显微镜的成像信息来自电子与物质的相互作用,包括入射电子与原子核的相互作用、入射电子与原子中核外电子的相互作用、入射电子与晶格的相互作用、入射电子与晶体中电子云的相互作用等。如图 9.1 所示,当一束入射电子束投射到样品上的时候,由于受到样品的晶格位场和原子库仑场的作用,其入射方向会发生改变,一部分电子束会被样品散射。如果在散射过程中入射电子只改变方向,但其总动能基本上无变化,那么这种散射称为弹性散射;如果在散射过程中入射电子的方向和动能都发生改变,那么这种散射称为非弹性散射。非弹性散射情况下,会伴有各种信息的产生,如二次电子、背散射电子、俄歇电子、X射线光量子、光子、热量等,其余的电子会被样品吸收或穿透样品。

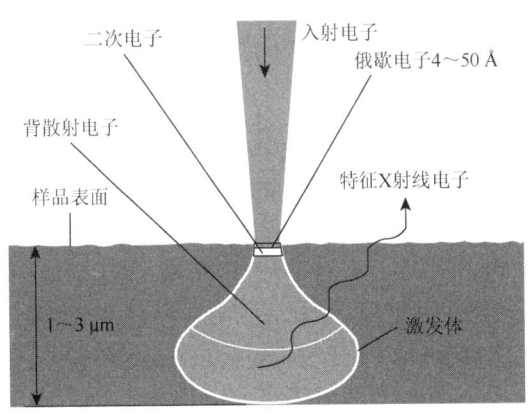

图9.1 电子束和样品表面的相互作用

9.1.2 扫描电子显微镜的结构和工作原理

扫描电子显微镜由电子光学系统、信号收集及显示系统、真空系统、电源系统组成。如图 9.2 所示，电子枪所发射出来的电子束，在加速电压的作用下（0.5～20 kV），经过三个（或两个）电磁透镜，汇聚成一个细小到 5 nm 的电子束，在末级透镜上部扫描线圈的作用下，电子束在样品表面做光栅状扫描。从样品中所得到各种信息的强度和分布各自同样品表面形貌、成分、晶体取向以及表面状态的一些物理性质（如电性质、磁性质等）等因素有关，因此，为了获得扫描电子像，通常是用探测器把来自样品表面的信息接收，再经过信号处理系统和放大系统变成信号电压，最后输送到显像管的栅极，来调制显像管的亮度，从而可以得到一个反映样品表面状况的扫描电子像。[42-48]

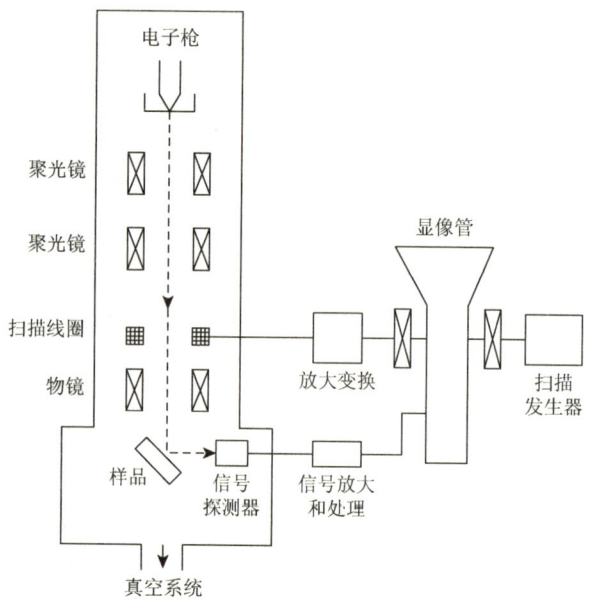

图 9.2　扫描电子显微镜的结构和工作原理

9.2　JSM-6700F 冷场场发射扫描电子显微镜简介

如图 9.3 所示，JSM-6700F 冷场场发射扫描电子显微镜（日本 JEOL 公司）采用了冷场发射电子枪、强励磁圆锥透镜、高度集成化和自动化控制单元，因此具有很高的分辨率（1 nm/15 kV），是微米、纳米级材料表面显微形貌分析的利器，主要用于纳米材料显微结构、尺寸分析，材料微结构、相组成及相分布分析，材料中元素定性分析、定量分析、线分析、面分析、材料失效分析等。

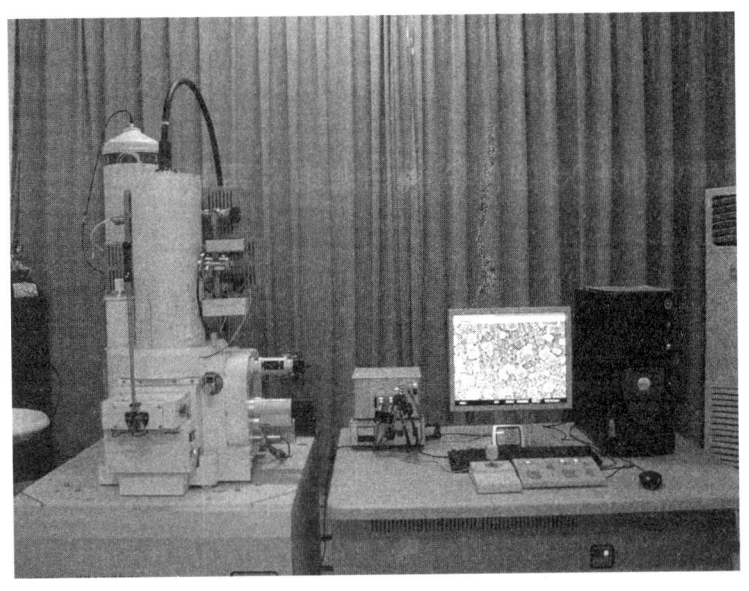

图 9.3 JSM-6700F 冷场场发射扫描电子显微镜

【技术参数】

（1）二次电子分辨率：1.0 nm（加速电压 15 kV），2.2 nm（加速电压 1 kV）；

（2）放大倍数：低倍模式×25～×19 000，高倍模式×100～×650 000；

（3）样品台尺寸：ϕ12.5，ϕ26 mm；

（4）试样移动范围：X 轴范围 0～70 mm，Y 轴范围 0～50 mm，Z 轴范围 1.5～25 mm（连续旋转）角度 360°，倾斜–5°～60°；

（5）加速电压：0.5～20 kV；

（6）电流：0～15 mA；

（7）扫描模式：SEI、LEI、COMPO 等。

【主要特点】

（1）分辨本领较高，二次电子像分辨率可达 1.0 nm；

（2）放大倍数变化范围大（从几十倍到几十万倍），且连续可调；

（3）图像景深大，富有立体感，可直接观察起伏较大的粗糙表面，如金属和陶瓷的断口、纤维材料等；

（4）样品制备简单，只要将块状或粉末的、导电的或不导电的样品不加处理或稍加处理，就可直接放到扫描电子显微镜中进行观察，一般来说，比透射电子显微镜（TEM）的制样简单，且可使图像更接近于样品的真实状态；

（5）观察扫描形貌图像的同时，可对样品微区进行元素分析，JSM-6700F 扫描电子显微镜配置的牛津 INCA 电子能量色散谱仪（EDS），在观察扫描样品形貌的同时，可对样品微区进行元素分析和结晶学分析。

9.3 JSM-6700F冷场场发射扫描电子显微镜在样品形貌及组分分析中的应用

9.3.1 研究背景与意义

在粉体、陶瓷、微晶玻璃等光学功能材料的合成中，其微观结构与性能间有着密切的联系，这就需要通过扫描电子显微镜对样品的微观形貌及微区组分进行分析表征。利用 JSM-6700F 冷场场发射扫描电子显微镜可以对这些材料的表面形貌及微区组分进行分析，这对指导样品的合成及筛选有很好的指导意义。

9.3.2 实验准备与过程

1. 样品准备

试样制备技术在电子显微技术中占有重要的地位，它直接关系到电子显微图像的观察效果和对图像的正确解释。如果制备不出适合电镜特定观察条件的试样，即使仪器性能再好也不会得到好的观察效果。和透射电子显微镜相比，扫描电子显微镜试样制备比较简单，能在保持材料原始形状的情况下，直接观察和研究试样表面形貌及其物理特征，这是扫描电镜的一个突出优点。图 9.4 所示为样品座上的样品。

图 9.4 样品座上的各种样品

（1）块状材料。

导电性材料主要是指金属，一些矿物和半导体材料也具有一定的导电性。这类材料的试样制备最为简单，只要使试样大小不超过仪器规定（如试样直径最大为$\phi 30$ mm，最厚不超过 10 mm 等），然后用双面导电胶带粘在载物台上，并将载物台至于样品座中，直接进行观察。非导电性的块状材料试样的制备基本上与导电性块状材料试样的制备一样，但要注意的是，在涂导电银浆的时候，一定要从载物盘一直连到块状材料试样的上表面，因为观察的时候电子束是直接照射在试样的上表面的。

（2）粉末状试样的制备。

首先在载物盘上粘上双面导电胶带，然后取少量粉末试样放在胶带上（在避免互相干扰的情况下，导电胶带上可以放置多个样品），再用洗耳球朝载物盘径向朝外方向轻吹（注意不可用嘴吹气，以免唾液粘在试样上，也不可用工具拨粉末，以免破坏试样表面形貌），把黏结不牢的粉末吹走（以免污染镜体），最后对不导电样品进行喷金处理。

（3）溶液试样的制备。

对于溶液试样一般采用硅片作为载体。首先，在载物台上粘上双面胶带，再粘上洁净的硅片，然后把经过超声波清洗器分散好的悬浮液小心地滴在硅片上，等干了之后观察析出来的样品量是否足够，如果不够再滴一次，等再次干了之后进行喷金处理即可。

（4）喷金。

利用扫描电子显微镜观察高分子材料（塑料、纤维和橡胶）、陶瓷、玻璃、木材、毛皮等不导电或导电性很差的非金属材料时，一般都要事先用真空镀膜机喷碳导电层或等离子体溅射仪在试样表面上沉积一层重金属导电膜（一般用 JFC-1600 型等离子体溅射仪在试样表面喷涂一层铂金膜），这样既可以消除试样荷电现象，又可以增加试样表面导电导热性，减少电子束造成的试样（如高分子及生物试样）损伤，提高二次电子发射率。

2. 仪器准备

仔细确认设备和环境状态正常后，按仪器操作台上的"OPNPOWER"的右按钮开机，开启操控面板电源，打开计算机，双击进入 JEOL PC-SEM 工作界面，如图 9.5 所示，程序会自动进行以下三方面准备：

（1）Flash（加热灯丝去除灯丝表面污染），为了使灯丝工作电流稳定，最好在 Flash 30 min 后进行观察；

（2）样品台复位，根据需要选择进行或取消；

（3）样品台选择，根据需要选择或取消。

检查工作状态，确认主机上"WD"为 8 mm，"EXCH"灯亮，"TILT"为 0；按"VENT"键，灯闪烁，停闪后打开样品室外预抽室门，把样品座放在预抽室

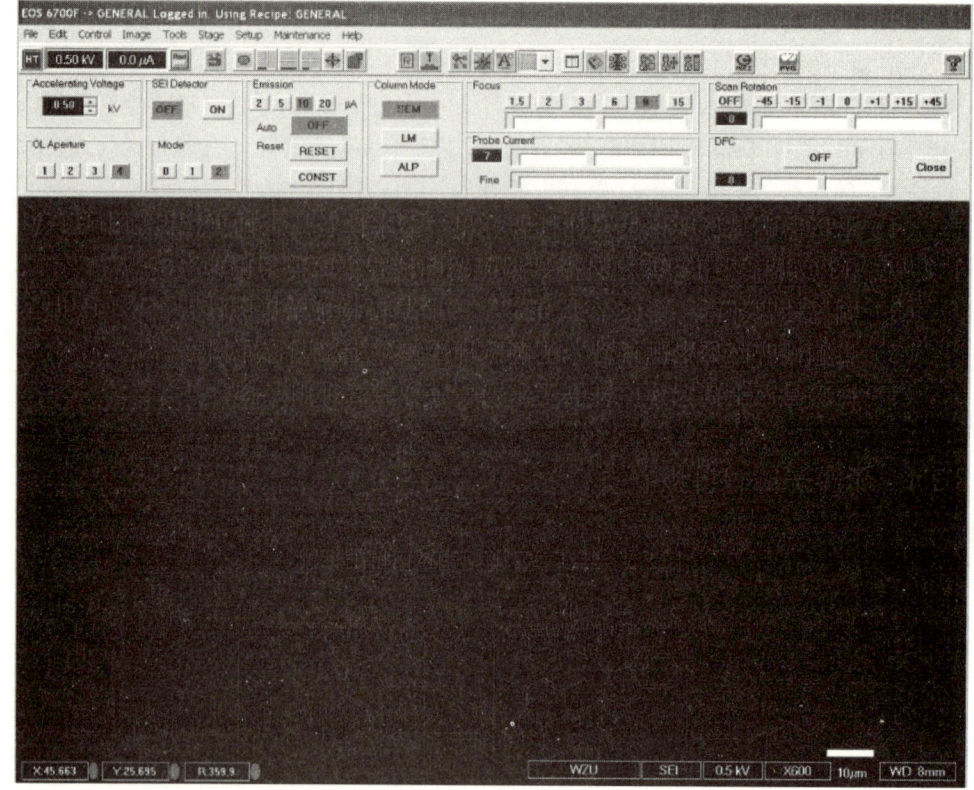

图 9.5　JSM-6700F 扫描电子显微镜操作界面图

的样品台卡座上（注意运行样品台选择程序，样品台移动范围不对，将会对设备造成损害），关上预抽室门；按"EVAC"键，灯闪烁，停闪后将样品送入样品室内，这时要确认"HLDR"灯亮；抽真空 10 min 左右，确认样品室真空度小于 5×10^{-4} Pa 后方可按高压"HT"按钮加电压，需缓慢增加电压（每次 2~3 kV）达到设定值。

3. 检测流程

（1）当样品已经放入样品室并达到相应的真空度后，按主机上的"GUN VAVLE CLOSE"键，此灯熄灭，电子束开始扫描。用操控器上的"LOW MAG"选用低放大倍率选择观测区域，用样品台上的"WD"轴粗调焦，出现图像后再逐步放大，最后用"FOCUS"细聚焦；为了调焦方便，可以按操控器上的"RDC IMAGE"键选用小窗口，按操控器上的"QUICK VIEW"快速扫描。当放大倍数高于 5 000 倍时，应注意图像的像散，检测的方法是把图像倍率再增加，用聚焦钮在焦点附近调焦，如果图像有"涂污"的痕迹，而且在焦点的欠焦一侧和过焦一侧"涂污"方向垂直，就表示有像散存在，用操控器上的消像散"X""Y"钮使"涂污"消失，此时图像清晰度会明显提高，调焦和清像散应在比照相所需的放大倍数高的放大倍数下进行，通常需要高出 1.5 倍，调焦结束后缩回原来的放大倍数。

（2）按操控器上的"ACB"钮即可自动调整亮度对比度，也可用"CONTRAST"和"BRIGHTNESS"钮手工调整。按操控器上的"FINE VIEW"进行拍照，在得到一幅满意的图像时，可按"FREEZE"记录下图像，并保存。

（3）需要进行微区成分分析时，确认能谱仪（EDS）液氮液面及相关状态正常后，调节"WD"至 15 mm，增加电压至 20 kV，提高"Probe Current"至 9 或 10，运行 INCA 软件进行样品微区成分分析。

（4）完成观测后逐步降低工作电压并关高压"HT"，按"GUN VAVLE CLOSE"钮，指示灯变黄。

（5）运行样品台位置初始化程序，"EXCH POSN"指示灯亮，拉动样品杆将样品置于样品交换室内，"HLDR"灯亮，按"VENT"按钮，样品交换室放气，取出样品后按"EVAC"按钮。

（6）退出操作界面，关计算机。按"OPNPOWER"左钮关机，关控制面板电源。

9.3.3 实验数据与结果

1. 数据处理

JSM-6700F 冷场场发射扫描电子显微镜的数据处理比较简单。在确认测试结果后，保存数据时点击测试界面主菜单中的"Image File Handler"按钮，在菜单中选择"Export"或"Save"，新建文件夹或选择有效文件路径，设置文件名并保存文件。在联用能谱仪对样品进行微区成分分析时，可以将测试结果以报告的形式导出到 Word 文档中。

2. 结果分析

表 9.1 为熔融法合成 Ce：YAG 多晶陶瓷中各组分的含量摩尔比。图 9.6 显示了不同二氧化硅（SiO_2）含量的 Ce：YAG 多晶陶瓷的微观形貌及成分分析。从图 9.6 中可以看出，一步熔融法合成的 Ce：YAG 多晶陶瓷样品结构紧密，没有明显的裂纹或空隙，玻璃相中析出的 Ce：YAG 多晶陶瓷的分布比较均匀，颗粒尺寸分布在 10～20μm 左右。同时，从样品 A 到样品 C，随着 SiO_2 含量的增加，Ce：YAG 多晶陶瓷的颗粒尺寸有一定的增大，其颗粒数量呈下降趋势。通过 EDS 对样品 A 的成分进行分析，获得 Y：Al：O：F：Ce = 15.47：12.36：29.75：40.81：1.61，其中 Y、O、Al 的比例接近于 $Y_3Al_5O_{12}$ 中的组分比，F 的含量偏高，可能是样品经过了氢氟酸（HF）的处理。

表 9.1 熔融法合成 Ce：YAG 多晶陶瓷中各组分的含量摩尔比

样品	Y_2O_3	Al_2O_3	SiO_2	AlF_3	ZrO_2	CeF_3
A	21.18	38.46	32.00	2.35	4.01	2.00
B	20.56	37.33	34.00	2.28	3.89	1.94
C	19.94	36.20	36.00	2.21	3.77	1.88

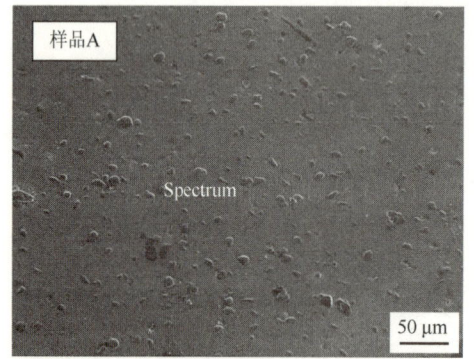
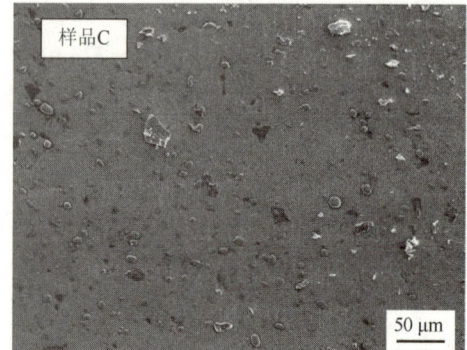
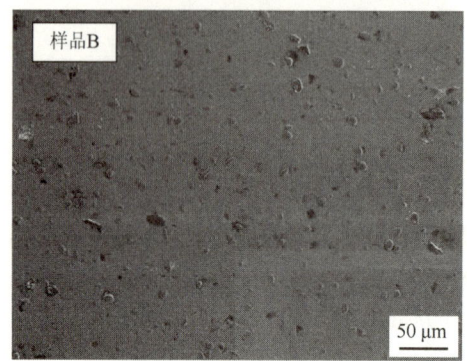
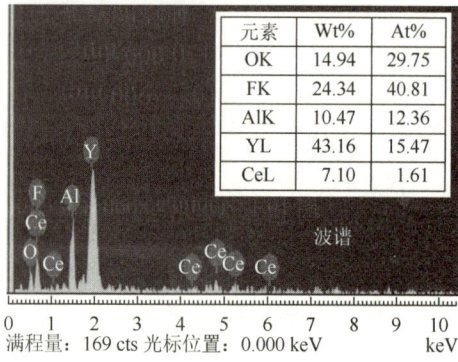

图 9.6 不同 SiO_2 含量的 Ce：YAG 多晶陶瓷的微观形貌及成分分析

9.3.4 实验关键与讨论

（1）JSM-6700F 冷场场发射扫描电子显微镜实验室对水、电、氮气、液氮、温度和湿度、实验室洁净度等有严格的要求。

① 水。循环水箱中要使用去离子水，水温保持在 20 ℃，水压 0.14 MPa。水箱要保持清洁，通常 3 个月要清洗一次循环水箱。

② 电。保持电压稳定，尽量减少突发断电，以免对仪器造成冲击。

③ 氮气。氮气是扫描电镜主机的支撑气体，同时也是样品交换时充入预抽室或样品室中所用的气体，通常使用高纯氮，压力保持在 0.5 MPa 左右。

④ 液氮。当使用 EDS 进行样品成分分析时,需要提前灌入液氮,在冷阱中加入液氮有利于减少样品室的污染,提高真空度。

⑤ 温度和湿度。维持恒定的温度和湿度有利于保持扫描电子显微镜良好的工作状态,通常室内温度保持在 15～25 ℃,相对湿度保持在 40%～60%。

⑥ 实验室洁净度。提高实验室洁净度,可减少对扫描电子显微镜样品室污染,对扫描电子显微镜长期稳定地运行有重大意义。

(2)在制备样品过程中,还应注意:

① 为减轻仪器污染和保持良好的真空,样品尺寸要尽可能小些。

② 切取样品时,要避免因受热引起样品的塑性变形,或在观察面生成氧化层。要防止机械损伤或引进水、油污及尘埃等污染物。

③ 观察表面,特别是各种断口间隙处存在污染物时,要用无水乙醇、丙酮或超声波清洗干净。这些污染物都是掩盖图像细节、引起样品荷电及图像质量变坏的原因。

④ 故障构件断口或电器触点处存在的油污、氧化层及腐蚀产物,不要轻易清除。观察这些物质,往往对分析故障产生的原因是有益的。如确信这些异物是故障后才引入的,一般可用塑料胶带或醋酸纤维素薄膜粘贴几次,再用有机溶剂冲洗除去即可。

⑤ 样品表面的氧化层一般难以去除,必要时可通过化学方法或阴极电解方法使样品表面基本恢复原始状态。

(3)降低透镜的球像差以获得小的电子束斑尺寸,扫描电子像的分辨率在一定程度上取决于电子束斑的尺寸。电子束斑的尺寸越小,相应图像的分辨率越高。但是电子束斑的最小尺寸是受透镜球像差影响的。对于一定的透镜系统来说,其球像差系数和观察时的工作距离有关。工作距离越小,相应球像差系数也越小。因此,降低透镜球像差系数的途径有二:①改善透镜的设计;②缩短工作距离 WD。

(4)提高电子枪的亮度。

对于一帧扫描图像来说,如果没有足够的衬度和信噪比,单纯提高其分辨率将失去意义。为了在很小的电子束斑条件下仍保证有足够的衬度和信噪比,办法之一是提高电子枪的亮度,JSM-6700F 冷场场发射扫描电子显微镜采用场发射电子枪,这种电子枪需要有极高真空(10^{-8} Pa)的工作条件。

(5)提高对成像信息的接收效率。

为了在最小束斑条件下仍保证有足够的衬度和信噪比,另外一个办法是提高对成像信息的接收效率。如果把接收效率提高 10%,在效果上相当于把电子枪的亮度了提高 10%。

(6)提高样品室的清洁真空度。

当对试样表面的精细结构进行观察时,若表面玷污,则无法看到细节,

因此，在高分辨率观察时，要求样品室有较高的清洁真空度，通常要求优于 5×10^{-4} Pa。

（7）尽量减小外界振动干扰。

当观察倍数大于 1 万倍以上时，外界振动干扰对图像分辨率的影响很大，因此，需要采用一个高防震系统。

第10章

电感耦合等离子体原子发射光谱仪及其研究性案例

10.1 电感耦合等离子体原子发射光谱仪的原理

电感耦合等离子体原子发射光谱仪（inductively coupled plasma atomic emission spectrometer，ICP-OES）是由高频振荡器发生的高频电流，经过耦合系统，连接在位于等离子体发生管上端、铜制内部用水冷却的管状线圈上。石英制成的等离子体发生管内有三个同轴氩气流经通道。冷却气（氩气）通过外部及中间的通道，环绕等离子体起稳定等离子体炬及冷却石英管壁、防止管壁受热熔化的作用。工作气体（氩气）则由中部的石英管道引入，开始工作时启动高压放电装置，让工作气体发生电离，被电离的气体经过环绕石英管顶部的高频感应圈时，线圈产生的巨大热能和交变磁场，使电离气体的电子、离子和处于基态的氩原子发生反复猛烈的碰撞，各种粒子高速运动，导致气体完全电离形成一个类似线圈状的等离子体炬区面，此处温度高达 6 000～10 000 ℃。样品经处理制成溶液后，由超雾化装置变成全溶胶，由底部导入管内，经轴心的石英管从喷嘴喷入等离子体炬内。样品气溶胶进入等离子体焰时，绝大部分立即分解成激发态的原子、离子状态。当这些激发态的粒子回到稳定的基态时要放出一定的能量（表现为一定波长的光谱），测定每种元素特有的谱线与强度，与标准溶液相比，就可以知道样品中所含元素的种类和含量。[49-53]

10.2 Optima 8000 ICP-OES 电感耦合等离子体原子发射光谱仪简介

如图 10.1 所示，Optima 8000 ICP-OES 使用独一无二的双光学系统，该设计是高速、高光通量的光学系统，在紧凑的系统中提供优异的分辨率。密封的光学系统能用氮气吹扫，提高低紫外区（165～190 nm）的性能。Optima 8000 ICP-OES 的系统类型是高性能二维（交叉）色散中阶梯光栅（棱镜），聚焦长度为 0.3 m，柱头为 Littrow 结构（Stigmatic Littrow configuration）。其光路设计简单、可靠，中阶梯光栅的闪耀角为 63.4°；阶梯光栅刻线密度为 79 刻线/mm；波长范围为 160～900 nm；等离子体观测系统包括双向（水平和垂直）观测的光学，并可用计算机和软件控制。在一次分析中，可以采用水平、垂直或混合观测模式。Optima 8000 ICP-OES 具有专利的双向观测性能，在光路中放置镜子，通过计算机控制观测等离子体，允许选择水平或垂直观测，并可在水平和垂直两个方向上调节等离子体观测位置。Optima 8000 ICP-OES 的检测器是紫外灵敏的、双背面-点亮的 CCD 阵列检测器，使用单阶集成佩尔捷直接冷却，可操控在-8 ℃。检测器有两个光敏段，一部分用于分析测量，另一部分用于波长参考。CCD 阵列检测器采集分析谱图和临近的背景谱图，可实现同时背景校正。

图 10.1　Optima 8000 ICP-OES 电感耦合等离子体原子发射光谱仪

【参数指标】

（1）波长范围：165～900 nm；

（2）分辨率：小于 0.009 nm；

（3）双光学系统：独特的双光学系统，具有卓越的分辨率；

（4）光栅：高色散分级光栅；

（5）焦距：0.3 m；

（6）光栅密度：79 刻线/mm；

（7）闪耀角：63.4°；

（8）探测器：紫外敏感、双重电耦合器件 CCD 阵列检测器，单级集成佩尔捷冷却器直接冷却；

（9）电源：200/254 VAC，20 A，50/60 Hz（±1%）。

【主要特点】

（1）检出限低；

（2）稳定性好；

（3）线性范围宽；

（4）多元素测定；

（5）可进行定性定量分析。

10.3　Optima 8000 ICP-OES 电感耦合等离子体原子发射光谱仪在测定溶液中镁离子浓度中的应用

10.3.1　研究背景与意义

镀锌行业中，金属锌有不可忽视的作用，而锌矿品质越来越趋于贫、细、杂。低品质锌矿中含有较多杂质，为去除锌矿中的杂质，课题组在研究混合盐中特定离子选择性去除的膜过程研究中，利用 Optima 8000 ICP-OES 电感耦合等离子体原子发射光谱仪可以检测金属锌以及其他金属元素在该实验过程中的透过率。

10.3.2 实验准备与过程

1. 样品准备

将标样稀释不同的倍数，分别得到 5 个标样。采样后立即用 0.22 μm 过滤头过滤，取所需体积滤液，加入硝酸消解。大概测定元素总量，进行计算，取一定量溶液稀释一定倍数，稀释溶液的浓度要在标样范围内。

2. 环境要求

（1）恒温水浴 20 ℃，空调温度 20 ℃；
（2）温度：18～32 ℃；
（3）湿度：20%～80%；
（4）氩气出口压力：0.7～0.8 MPa；
（5）氩气纯度：不低于 99.995%；
（6）氮气纯度：不低于 99.999%。

2. 仪器准备

打开通风系统、氩气阀，循环冷却水系统直至温度稳定在 20 ℃；把空气压缩机底部的旋钮顺时针旋紧后，将其电源插头插上，空气压缩机开始工作；循环冷却水系统温度稳定在 20 ℃，空气干燥过滤器的压强到达 600 kPa 后开机。

3. 检测流程

打开 Optima 8000 ICP-OES 仪器主机后，点开 ICP Winlab 32-on line 软件，待仪器与电脑软件完全连接后，出现软件页面抬头如图 10.2 所示。

图 10.2　ICP Winlab 32-on line 软件页面抬头

（1）点炬过程。点击"Plasma"图标，进入"Plasma Control"对话框，Plas、Aux、Neb 三个参数分别是 12、0.2、0.7，然后点击"Plasma On"，点燃离子炬。点击"Pump"启动蠕动泵检查进样和排液是否正常。点击雾化器，查看"Plas"和空气是否正常。将相机打开，数据设置好之后，点击"On"吹扫 45 s 后自行点火，点火后，可通过观察火焰颜色来确定矩管状况。若火焰呈白色，则较为干净；若火焰呈黄色，则需要清洗矩管、雾化器等。

（2）初始化过程。"Tools"→"Spectrometer Control"→随时启动；"System"→"Diagnosis"→从下栏中找到"Spectrometer"，启动初始化，可从"Spectrometer"看到最后的数据，大约 4 min 结束（光学初始化过程中进纯水，不得进样品）。若光谱仪初始化得结果大于 50 step，则继续初始化，直至初始化得结果小于 50 step。光学系统初始化结束后，可以进行建立方法。

（3）建立方法。

选菜单"File"→"New"→"Method"，点开"periodic table"，出现元素周期表，双击要测试的元素，点击后，双击"Wavelength"，使波长由小到大排列。点击右列"setting"测试一次改为两次。在"校准"（Calibration）项→"定义标样"栏中填入校正空白、试剂空白（如没有试剂空白可不用输入）、标样顺序及样品顺序；在"校准单位和浓度"栏依序输入标样各元素浓度，点击"文件"→"保存"→"方法"保存方法。

（4）数据保存。打开"Manual"图标，页面有一个"Result Date"点开将数据保存在固定文件夹中。建立结果保存在文件夹后，依次将"Spectra""results""Calib"三个图标打开，在使用 ICP-AES 检测过程中，从这些图表中的数据可以在线看到数据，并且可以检查数据的准确性。

（5）进样测试。先测空白，随后是标样，最后是样品。测试完成后进行数据再处理（数据处理后面有提供）。

（6）熄炬过程。测定完成后，清洗进样系统，先进样 2%硝酸溶液约 5 min，再进样纯水约 5 min（样品基体复杂的需延长清洗时间），然后将进样管悬空；点击"Plasma"图标，进入"Plasma Control"对话框，点击"Plasma Off"熄灭离子炬。

10.3.3 实验数据与结果

1. 数据处理

打开"Winlab32 脱机"软件，点击"文件"→"打开"→"方法"，打开需编辑数据所使用的方法；点击"检查"图标打开"检查光谱/MSF"窗口，点击"数据"→"选择数据组"，打开需编辑的结果数据组，然后点击"下一步"，从数据组中选择样品，再点击"下一步"，从数据组中选择分析物，最后点击"完成"，光谱打开；对光谱图进行处理后，点击"方法"→"更新方法参数"（Update Method Parameters）→"更新并保存方法"（Update and Save Method）。

数据再处理：点击"再处理"图标，打开"数据再处理"窗口，选择需再处理的数据组及经再处理的数据组保存位置后，点击"分析"下拉菜单→"新建校准"→"清除结果显示"→"再处理",数据再处理完成。打开结果,点击"文件"下拉菜单→"打印"→"当前窗口"。

2. 结果分析

以测定溶液中锌含量为例,使用 Optima 8000 ICP-OES 做的元素的关于 Intensity-Conc. Units mg/L 的标准曲线,分别对空白(高纯水)和 5 种不同浓度的标样进行强度测定,得到一个标准曲线。锌的标准曲线的相关系数为 0.999 926(一般相关系数至少是 0.999)。通过对锌的浓度的测定得到透过率的数据。在分别测定对应的标准曲线后,通过对这 5 种金属元素浓度的测定,得到这 5 种元素透过率的曲线图,如图 10.3 所示。

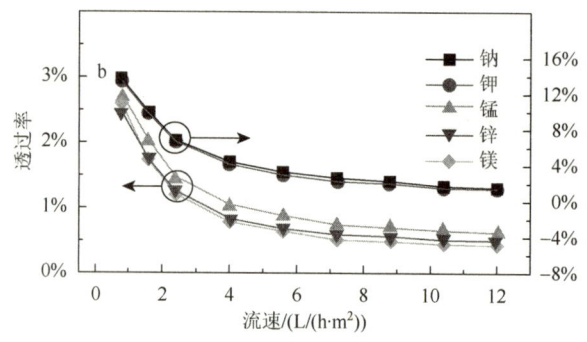

图 10.3 流速-透过率曲线

10.3.4 实验关键与讨论

(1)视样品量多少,一周到一个月定期检查喷射管和矩管是否有样品或碳沉积,如有需要进行清洗,一般用 5%硝酸浸泡,再放入超声波清洗槽内清洗、震荡 30 min;如还有附着物残存,可将硝酸浓度提高至 20%,必要时再可加大酸度。

(2)测量时,调节好仪器工作参数,选两个标准溶液进行两点校正后,依次将试剂空白溶液、标样和样品喷入 ICP 焰测定,扣除空白值后的元素测定值即为水样中该元素的浓度。

(3)维护时,每两周清洗一次矩管、观测窗、仪器外表。每月维护数据库,清理一次空气过滤网。每 6 个月检查一次循环水是否变质,若变质则需更换循环水。

(4)经常检查氩气是否需要更换,氩气瓶压力余 2~3 MPa 时考虑更换。

(5)熄炬后仪器将保持等离子体和氩气 1~2 min 冷却炬管,此时应继续保持提供氩气。待氩气停止后,开启蠕动泵,将泵管中残留液体排净,然后关闭蠕动泵,拆下进样管及废液管,关闭 Winlab 32 软件,关闭仪器电源,关闭氩气阀、水循环开关、空气阀及通风开关,并将空气过滤器里的水排净。[54]

第11章

紫外-可见分光光度计及其研究性案例

11.1 紫外-可见分光光度计的基本原理

紫外-可见分光光度计（ultraviolet-visible spectrophotometer）是一种常规的分析仪器。物质分子在吸收紫外-可见光后，发生电子能级的跃迁而产生吸收光谱。由于各种物质具有各自不同的组成与结构，其吸收能量的情况也就不相同，因此，每种物质就有其特有的、固定的吸收光谱曲线。利用紫外-可见分光光度计可以记录各种物质的紫外-可见吸收光谱。由物质光谱的特异性对物质进行定性分析，并根据吸收光谱上的某些特征波长处的吸光度的高低判别或测定该物质的含量，这就是用紫外-可见分光光度计记录紫外-可见吸收光谱进行物质定性和定量分析的基础。目前，紫外-可见分光光度计已广泛用于材料、化工、医药、冶金、环境检测等众多领域。[55]

11.2 岛津 UV-2501PC 紫外-可见分光光度计简介

日本岛津 UV-2501PC 紫外-可见分光光度计具有双闪耀光栅、双单色器配置。通过这种独特设计，该仪器具有最低级别的杂散光和最高的能量通量。通过产生双闪耀波长（200 nm 和 600 nm），该装置克服了能量损失及与双单色器相关联的灵敏度限制。该装置可用于测定紫外或可见光谱，可测定吸光度、透射率、反射率及光能量等。若配置积分球，则可测定紫外-可见漫反射光谱。

岛津 UV-2501PC 紫外-可见分光光度计的实物外观如图 11.1 所示。与市场上各种型号的紫外-可见分光光度计的基本构造相似，它也主要由光源、单色器、样品吸收池、检测器和信号显示系统五大部件组成，框架结构如图 11.2 所示。UV-2501PC 紫外-可见分光光度计的光源为卤素灯和氘灯，使用具有高性能双闪耀全息光栅的双单色器，样品池为四联池架（用于 1 cm 的方形比色皿），检测器为 R-928 光电倍增管，结果可以在电脑屏幕终端显示。

图 11.1　岛津 UV-2501PC 紫外-可见分光光度计

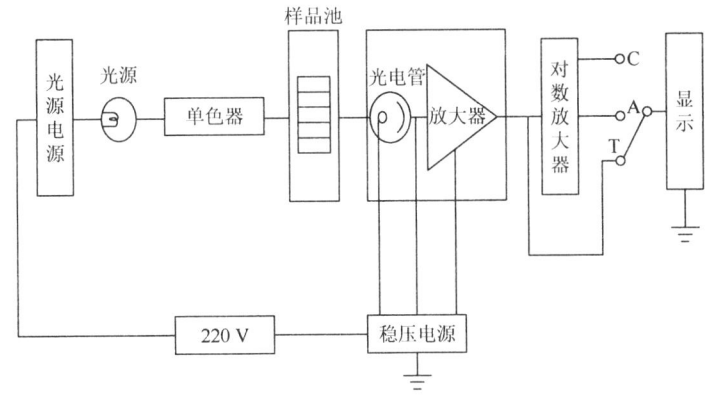

图 11.2　岛津 UV-2501PC 紫外-可见分光光度计的结构框架

【技术参数】

（1）波长范围：190～900 nm（可以确保性能的范围），使用光电倍增管则可以拓展到 1 100 nm。

（2）波长准确性：±0.3 nm（内装有自动波长校正功能）；波长重复精度：±0.1 nm。

（3）波长扫描速度：有快扫、中等速度、慢速及超慢速模式。波长移动时，约 3 200 nm/min；波长扫描时，约 900 nm～160 nm/min；监控扫描时，约 2 500 nm/min。

（4）波长设置：扫描开始波长和扫描结束波长能够以 1 nm 单位设置；其他为 0.1 nm 单位。

（5）谱带宽度：0.1 nm、0.2 nm、0.5 nm、1 nm、2 nm、5 nm 6 段；分辨率：0.1 nm。

（6）杂散光：在 220 nm 与 340 nm 波长处小于 0.000 3%。

（7）测光方式：吸光度（Abs.）、透射率（%）、反射率（%）、能量（E）。

（8）测光范围：吸光度（−4～5 Abs.），透射、反射率（0.0%～999.9%）。

11.3　岛津 UV-2501PC 紫外-可见分光光度计在定量分析中的应用

11.3.1　研究背景与意义

由于物质的紫外-可见吸收光谱反映的是其分子中生色团和助色团的特性，因而具有相同生色团与助色团的物质，其谱图非常接近。因此，通过单一紫外-可见吸收光谱难以确定物质的结构，必须与其他技术相结合。另一方面，在一定条件下，吸光物质对单色光的吸收符合朗伯-比尔定律，又称光的吸收定律，其数学表达式为 $A = \varepsilon bc$。其中，A 为吸光度，ε 为摩尔吸光系数，b 为光程长度（吸收池厚度），c 为待测物质的浓度。由此方程可知，当 b 与 ε 一定时，吸光待测物质的吸光度为其浓度的线性函数。因此，对吸光物质浓度的测定可以转换成对其吸光度的测定，这是紫外-可见分光光度计用于定量分析的基础。相比较定性分析而言，用紫外-可见分光光度计进行定量分析的研究更为普遍。

光催化技术可以利用"绿色"的太阳光降解有机污染物，分解水获得洁净的氢气，光还原"温室气体"二氧化碳成为碳氢燃料，是解决当前环境污染和能源短缺的重要手段。在评价光催化剂降解污染物的性能时，常选用一些染料如罗丹明 B、亚甲基蓝、甲基橙作为污染物模型。一方面是因为这些染料本身具有一定的光稳定性，仅在可见光辐照下，很难发生自身光降解；另一方面，这些染料具有鲜明的颜色，便于直接用眼睛去观察其颜色变化。同时，这些染料在可见光区域具有特征吸收峰，例如，罗丹明 B 的特征吸收峰位置在 553 nm 处。根据朗伯-比尔定律，通过检测不同时段它们特征吸收峰的吸光度变化，可以获得染料相应浓度的变化。因为初始染料的浓度已知，根据标准曲线，也可以知道不同时段剩余染料的浓度或者已经被降解掉染料的浓度。

碘氧化铋属于具有层状结构的主族 V-VI-VII 的三元半导体。该结构中，带正电荷的 $Bi_xO_yn^+$ 薄层与 I^- 离子层相互交叠排列，形成了内在的静电场。这种固有的内置电场有助于光生载流子的分离。由此，碘氧化铋预期具有良好的光催化活性。通过以丙三醇为溶剂的溶剂热路线合成多级结构的 $Bi_4O_5I_2$ 微球；以罗丹明 B 为污染物模型，研究该材料降解有机污染物的活性；通过 UV-2501PC 型紫外-可见分光光度计记录罗丹明 B 经过 $Bi_4O_5I_2$ 微球光催化降解不同时段后的吸光度变化；根据朗伯-比尔公式，进行定量分析，获得罗丹明 B 的浓度变化。另一方面，大部分光催化反应符合一级动力学方程，根据方程 $\ln(C_0/C) = kt$，其中，C_0 和 C 分别为吸附平衡的浓度和经过光照时间 t 后的浓度，k 为表观速率常数，获得 $Bi_4O_5I_2$ 微球降解罗丹明 B 的一级表观速率常数。

11.3.2 实验准备与过程

1. 样品准备

首先，将 0.8 mmol 的 $Bi(NO_3)_3 \cdot 5H_2O$ 搅拌分散于 38 mL 的丙三醇中。然后，将 0.8 mmol 的 NaI 溶解于 2 mL 的超纯水中，并将该溶液边搅拌边缓慢加入上述丙三醇中。随后，将制备好的溶液加入高压釜，密封后放入电热恒温鼓风干燥箱中，设置反应温度为 130 ℃、反应时间为 12 h。待高压釜冷却至室温后，将产物取出，经过多次高纯水与无水乙醇洗涤后，在 60 ℃ 真空干燥 4 h，保存备用。将 0.1 g 所制备出来的 $Bi_4O_5I_2$ 光催化剂加入 100 mL 已配制好的 1×10^{-5} mol/L 的罗丹明 B 溶液中，在暗处搅拌 8 h 以确保光催化剂与罗丹明 B 之间已经达到吸附-解吸平衡。

2. 液体制样

称取 1 mg 制备的 N 掺杂的碳量子点分散于 10 mL 无水乙醇中，同样将纯乙醇滴加到 1 cm 石英比色皿中，得到参比样品，需要准备两份。

在磁子搅拌的同时，将溶液置于可见光（由装有 400 nm 滤光片的 500 W 氙灯提供）下进行照射。依次间隔 0 min、3 min、6 min、9 min、12 min、15 min 取 3 mL 溶液并离心除去光催化剂后，滴加到 1 cm 石英比色皿中，得到待测样品。

3. 仪器准备

打开仪器的电源，开启电脑，点击电脑桌面上的 UV2501PC 图标，出现"UVProbe"界面，点击"连接"，等待仪器连机自检。当自检测完毕后，进入待机准备。

4. 检测流程

（1）方法设定。点击主菜单上的"M"键，进行"光谱方法"设定。点击"测定"标签，修改检测波长范围，扫描速度（中速），采样间隔（0.5）；点击"仪器参数"标签，修改测定种类（吸收值）及带通即狭缝宽度（2.0）。

（2）光谱测定。保证样品仓盖子闭合，将两份参比样品同时放入标准样品池，点击程序下方的"基线校正"，进行基线扫描。待基线稳定后完毕，将样品位置上参比样品更换为标准样品，点击"开始"，进行样品测定。

11.3.3 实验数据与结果

1. 数据处理

测试软件自带数据处理功能。在图像面板中，点击图像上最大和最小的位置，然后输入适当的数字即可改变波长范围和纵轴范围，进行放大和缩小图像的标尺。也可以在图像上点击鼠标右键，在出现的快捷菜单上选择自动标尺设置到适当的大小。

峰谷检测：点击主菜单上的"数据处理-峰值检测"，在数据处理面板中出现波长和吸收值数据。在数据处理面板上点击鼠标右键，出现快捷菜单可以选择性标记峰、标记谷、显示峰值、显示谷值，记录峰高、峰位置。数据可以通过对峰值检测框内数据的直接复制保存，也可以文件另存的形式导出。记录最大吸收峰（553 nm）处的吸光度值。本组实验数据导出后，经数据软件 Origin 或者 Excel 处理后得到数据图 11.3~11.5。

2. 结果分析

图 11.3 是罗丹明 B 在 $Bi_4O_5I_2$ 光催化剂存在下，达到吸附平衡后及经过不同时间段可见光辐照后的紫外-可见吸收光谱。从光催化进行前的吸收谱图（0 min）可以看出，罗丹明 B 的最大吸收峰在 553 nm 处。经过不同时间的光催化降解，罗丹明 B 在 553 nm 处的吸光度逐渐减弱。经过 12 min 的催化降解，吸光度已经接近于 0，不再发生变化。在本实验中，罗丹明 B 的摩尔吸光系数与样品池厚度一定，

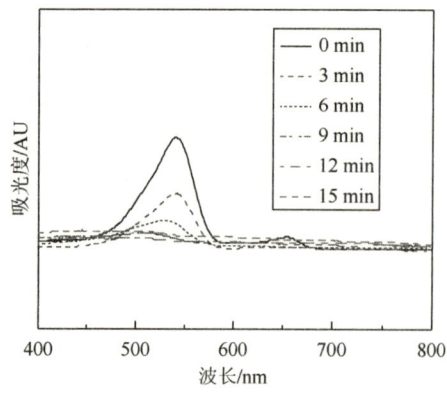 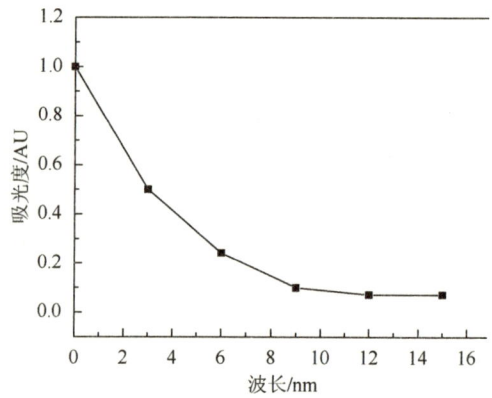

图 11.3 Bi$_4$O$_5$I$_2$ 光催化剂存在下，罗丹明 B 的紫外-可见吸收光谱随时间变化

图 11.4 Bi$_4$O$_5$I$_2$ 光催化剂存在下，罗丹明 B 的浓度随时间变化

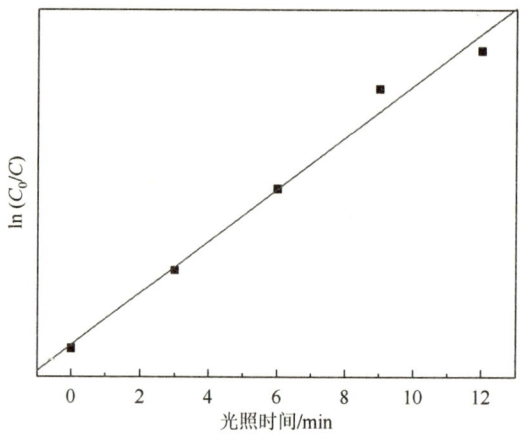

图 11.5 光照 0~12 min 时间段的 ln(C_0/C)-t 曲线

由朗伯-比尔定律 $A = \varepsilon bc$ 可知，测量出来的罗丹明 B 的吸光度与其浓度呈线性关系。根据 $A_1/A_2 = c_1/c_2$，可以获得 C_0/C-t 曲线（图 11.4）。进一步可以作出 ln(C_0/C)-t 曲线（图 11.5）。ln(C_0/C)-t 经线性拟合后，基本呈现直线。该结果表明 Bi$_4$O$_5$I$_2$ 光催化降解罗丹明 B 符合一级动力学方程。经拟合，该光催化反应的一级表观速率常数为 0.229 6 min^{-1}。

11.3.4 实验关键与讨论

（1）"光谱方法"设定中，"样品准备"输入的信息与打印谱图报告相关，按需设置。

（2）界面显示设置可以通过主菜单功能键选择性开关其中的"图像面板""数据处理面板""方法面板"。

（3）由于分光光度计的能量在 500 nm 左右最强，在此自动调零可得到最正确的基线。刚开机时，基线校正建议先点击程序下方的"基线校正"，点击"到波长"到 500 nm，再点击"自动调零"。

（4）先点击"断开"，断开仪器与电脑的连接；再关闭仪器和电脑。

（5）紫外区读数漂移时确定氘灯是否点亮。氘灯的使用时间超过 500 h，光强减弱，可以检查狭缝宽的设置是否太小。

（6）设定狭缝宽度的依据是，选择测定光谱中最窄峰的半高宽，然后除以 10。

（7）溶剂的选择应该很好地溶解被测样品，溶剂对溶质应该是惰性的。即所成溶液具有良好的化学和光化学稳定性；在溶解度允许的范围内，尽量选择极限较小的溶剂；且溶剂在样品的吸收光谱区应无明显吸收，无互相干扰。

（8）基线校正时需要确认样品室的门已经关好，杂散光会影响基线的质量。在指定的波长范围内，溶剂和样品池材料匹配。[56-58]

第12章 原子吸收分光光度计及其研究性案例

12.1 原子吸收分光光度计的基本原理

原子吸收分光光度计（atomic absorption spectrophotometer，AAS）分析的对象是环境样品中的金属元素。根据物质基态原子蒸气对特征辐射吸收的作用来进行金属元素分析，由辐射特征谱线光被减弱的程度来测定试样中待测元素的含量，其定量关系可用朗伯-比耳定律表示：$A = -\lg I/I_0 = -\lg T = KCL$，其中，$I$ 为透射光强度；I_0 为发射光强度；T 为透射比；L 为光通过原子化器光程（长度），每台仪器的 L 值是固定的；C 为被测样品浓度。所以 $A = KC$。[59]

12.2 Z-5000 原子吸收分光光度计简介

Z-5000 原子吸收分光光度计（日本日立公司）结合两种原子化器（火焰、石墨炉）为一体，形成多种功能一体机。仪器有三大分支，即火焰原子吸收（FAAS）、石墨炉原子吸收（GFAAS）和氢化物发生原子吸收（HAAS）（图12.1），由四部分组成，即光源（空心阴极灯）、原子化器、单色器和检测器（包括光电转换器及相应的检测装置）。该仪器采用空气作为助燃气，乙炔作为燃气，利用循环冷却水系统对火焰原子化器、石墨炉原子化器（图12.2）进行降温冷却，以确保在进行原子化时不会因温度过高而烧坏仪器。其特点在于准确度高、重复性好，能够广泛运用于金属元素的检测，在冶金、环境保护、地质、石油、医学、化工、农业、食品等领域具有非常广泛的应用。

【技术参数】
（1）ppm（FAAS）和 ppb 级（GFAAS 和 HAAS）的样品分析；
（2）助燃气和燃气为空气-乙炔体系；
（3）样品需要进行前处理呈溶液状态。

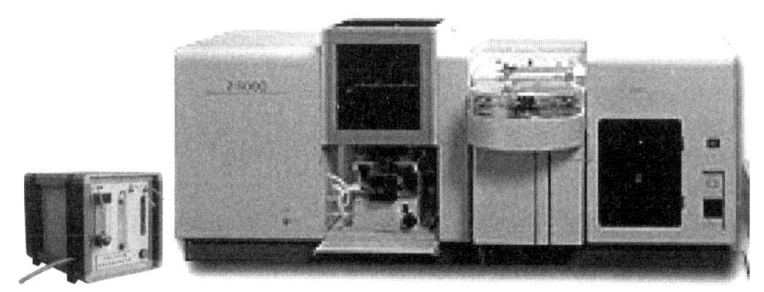

图 12.1　Z-5000 型原子吸收分光光度计的三大分支

图 12.2　Z-5000 火焰及石墨炉原子化器

【主要特点】

（1）一元素一灯，设置有 8 个灯位置，根据需要选灯；

（2）仪器自动调节灯位置；

（3）FAAS 检出限达 ppm 级，GFAAS 和 HAAS 检出限达 ppb 级；

（4）强大的磁铁产生的塞曼效应减弱背景干扰；

（5）重现性好、灵敏度高。[60]

12.3　火焰原子吸收光谱法在测定柑橘中 6 种微量元素中的应用

12.3.1　研究背景与意义

柑橘肉质肥厚、汁水酸甜，是广受人们喜爱的水果之一。柑橘因其产地不同而具有许多品种，如广州砂糖橘、黄岩蜜橘、云南椪柑、江西脐橙、温州瓯柑等。柑橘不光味道可口，其营养元素也十分丰富，不但含有大量的维生素 C、蛋白质、纤维素等有机成分，还含有钙、镁、铁、锰、铜、锌等多种有益人体健康的微量元素。采用微波消解-火焰原子吸收法检测 4 个不同品种柑橘的果皮和果肉中 6 种微量元素的含量，以此分析比较不同种类柑橘、同种柑橘中果皮和果肉的微量元素含量差异，为研究其品质和营养保健功能提供依据。

12.3.2　实验准备与过程

1. 样品前处理

（1）样品处理。将 4 种柑橘样品用去离子水洗净后剥皮、去籽，每种样品都分为果肉（带外衣）和果皮两部分，果肉榨汁混匀备用，果皮剪碎后在研钵中捣碎备用。

（2）样品消解。分别准确称取果皮 3 g、果肉 5 g，置于微波消解罐中，加入 5 mL 浓硝酸和 3 mL 30%过氧化氢，加盖密封，在微波消解系统中消解 30 min。微波消解程序为：400 W，5 min；1 100 W，25 min。待样品消解完全后，置于通风橱中赶酸至消解液剩余 1~2 mL，冷却后转移至 25 mL 容量瓶中，用去离子水定容。每个样品制备 5 份平行样，同时进行空白实验。

2. 标准配制

分别取一定量的 1 000 mg/L 钙、镁、铁、锰、铜、锌 6 种元素的标准溶液，逐步加离子水稀释并配成标准系列溶液，用来制作校准曲线（系列浓度一般为元素的灵敏度的 25~100 倍）。在相同条件下分别测定制备好的待测样品溶液中各元素的吸光度，需将样品溶液稀释适当的倍数，使其吸光度在校准曲线范围内，按照回归方程计算各元素的含量。

3. 仪器准备

开启实验室空调和除湿机。首先检查冷却水、乙炔钢瓶压力（小于 0.5 MPa 应换新）、水封、废液承接容器等，装好各个空心阴极灯，进样的毛细管放入去离子水中，开启电源。稍等片刻（至少 15 s）后，打开电脑和 AAS 的软件，选择相应的方法"Flame/Manual"来设定仪器条件和参数。点击"Element"，点击"Edit Element"，依次分别选择所测定元素钙、镁、铁、锰、铜、锌，灯位置"Lamp Position"，测定顺序"Meas. Order"。点击"Next"或"Instrument"进入"Instrument"（自动参数已设定），一般最佳条件为默认值。点击"Next"或"Analytical Method"进入"Analytical Method"，一般最佳条件为默认值，不必进行"Analytical Method"的编辑。点击"Next"或"Working Curve"，点击"Edit Working Curve Table"，选择"W. curve""Linear"，标准样品数（含空白）设置为"5"，单位为"mg/L"，输入相对应的系列浓度。点击"Sample Table"，编号样品名分别为黄岩蜜橘果皮、黄岩蜜橘果肉、广州砂糖橘果皮、广州砂糖橘果肉、温州瓯柑果皮、温州瓯柑果肉、江西脐橙果皮、江西脐橙果肉，样品个数为"8"，单位为"mg/L"，测定的重复次数一般设置为"1"。开始与终止的顺序号，一般设置为自动编号"Auto Numbering"。以上参数正确设置后，点击"On-line"→"Verify"，页面中"Ready"变绿色即可。

4. 检测流程

依次开启开空压机（0.5 MPa）、冷却水、乙炔（0.1 MPa）后，按点火按钮。点击"Ready"（开灯）→"Auto"（调零）→"Start"（采集）。测定标准（第一个为空白），每测一个，待软件界面红色信号线走平后点击"Start"采集数据，自动提示进入下一个检测，标准检测结束后，点击"Data Process"处理数据，查看工作曲线。若相关系数达到 0.999 以上，则继续进行样品的测定；若达不到标准，则重新配制。待标准和样品测定结束后，点击"End"结束操作，关乙炔钢瓶（先关总阀后关支阀），关空压机电源，继续循环数分钟后，关冷却水电源"Off"和原子吸收主机电源。点击"Data Process"处理数据，查看工作曲线和结果，然后打印工作曲线和样品测定结果并保存。整理样品，倒掉废液，关闭电脑和打印机，仪器加罩。

12.3.3 实验数据与结果

1. 数据处理

在仪器最佳工作参数下，分别用钙、镁、铁、锰、铜、锌标准溶液制作校准曲线，得到标准曲线分别为

$$Ca：A = 0.029\ 2C + 0.011\ 0, \qquad Mg：A = 0.069\ 1C + 0.013\ 8$$

$$Fe：A = 0.005\ 3C + 0.004\ 5, \qquad Mn：A = 0.042\ 5C + 0.000\ 1$$

$$Cu：A = 0.015\ 0C - 0.000\ 0, \qquad Zn：A = 0.095\ 2C + 0.004\ 1$$

相关系数均大于 0.999。在相同条件下分别测定制备好的待测样品溶液中各元素的吸光度，对每个样品分别平行测定三次，取平均值，按照回归方程计算各元素的含量。

2. 结果与分析

柑橘样品中各元素含量的测定结果如表 12.1 所示。选取的柑橘样品是人们日常喜爱食用的品种，非常具有代表性。由表 12.1 可知：

（1）从元素含量角度看，4 种柑橘的果皮和果肉中，均含有丰富的微量元素，所测样品 6 种元素中，钙含量均为最高，是其他元素含量的 3 倍以上，其他 5 种微量元素含量大体顺序为镁＞铁＞锌＞锰＞铜。

（2）从不同柑橘品种的果肉看，黄岩蜜橘的钙、铁、铜含量最高，江西脐橙和温州瓯柑中镁、锰含量相近并明显高于黄岩蜜橘和广州砂糖橘，从整体上来说黄岩蜜橘和江西脐橙的各微量元素较其他两种含量更丰富，人们也可以根据自身的不同需求，有针对性地选择不同种类的柑橘来补充特定的微量元素。

（3）从果皮和果肉的含量对比来看，可知果皮中各元素的含量都明显高于同种样品的果肉，基本都达到了果肉中微量元素含量的一倍以上。其中，黄岩蜜橘中钙含量达到了其果肉中的 5.2 倍，镁为 4.2 倍，广州砂糖橘果皮中钙含量达到了其果肉中的 5.6 倍，Fe 为 4.6 倍。瓯柑果皮中的钙含量为果肉中的 3.2 倍，江西脐橙果皮中钙、镁含量都为果肉中的 3.5 倍。这一结果对开发柑橘果皮的利用价值有着重要的参考作用。

表 12.1　柑橘样品中各元素含量的测定结果（$n=5$，μg/g）

样品		钙	镁	铁	锰	铜	锌
黄岩蜜橘	果皮	1 338.42	79.10	11.50	2.42	1.25	4.10
	果肉	258.15	48.92	6.14	0.58	0.96	2.24
广州砂糖橘	果皮	1 283.53	85.25	13.60	0.96	1.23	3.74
	果肉	226.02	48.43	2.95	0.37	0.47	1.69
温州瓯柑	果皮	614.12	77.12	4.69	2.91	0.82	2.72
	果肉	186.54	56.53	2.40	1.56	0.59	1.51
江西脐橙	果皮	771.15	83.60	14.14	3.35	0.98	4.19
	果肉	220.82	55.24	3.98	1.15	0.86	2.24

12.3.4　实验关键与讨论

（1）Z-5000 原子吸收分光光度计中有强大的磁场，机械、手表等容易磁化的物件不能靠近。

（2）在测定试样前用空白溶液进行调零。

（3）注意仪器开机与关机的顺序。

（4）此实验需要空气作为助燃气，注意通风。

（5）乙炔气体属易燃易爆气体，应谨慎使用，开和关时，先支阀后总阀；当发生泄漏时间时，切勿打开任何电源开关，关闭钢瓶总阀，将窗户打开后安全撤出。

（6）若 r 值小于 0.999，则标准溶液需要重新配制。[61]

12.4　石墨炉原子吸收光谱法在测定儿童血铅中的应用

12.4.1　研究背景与意义

随着中国工业化的发展及铅的广泛应用，铅已成为一种重要的环境污染物，且可造成人体多系统损害。环境中的铅可通过不同的途径进入儿童体内。铅以离子状态被吸收后进行血液循环，最初主要以铅盐与血浆蛋白结合的形式分布于全身各组织，数周后约有 95%以不溶的磷酸铅沉积在骨骼系统和毛发，仅 5%左右的铅存留于肝、肾、脑、心、脾、基底核、皮质灰白质等器官和血液中。而血液内的铅约有 95%分布在红细胞内，主要在红细胞膜，血浆只占 5%。因此，全血铅的含量可以反映儿童体内铅水平的高低。

12.4.2 样品准备与过程

1. 样品准备

抽取 0.5 mL 儿童静脉血,依次加入 $NH_4H_2PO_4$、Triton X-100、HNO_3 稀释至 2.5 mL。该待测血样中含有 $NH_4H_2PO_4$、Triton X-100、HNO_3 的终浓度分别为 4.00%、0.30%、0.65%。

2. 标准配制

分别吸取新配制的 1 000 mg/L 铅标准溶液 0.00 mL、0.12 mL、0.25 mL、0.50 mL、0.75 mL、1.00 mL、1.25 mL 置于 25 mL 容量瓶中,再依次加入计算量的 $NH_4H_2PO_4$、TritonX-100、HNO_3,最后定容至 25 mL。此标准系列的浓度分别为 0.00 μg/L、4.80 μg/L、10.00 μg/L、20.00 μg/L、30.00 μg/L、40.00 μg/L。在选定的实验条件下,测定吸光度,仪器自动绘制标准曲线。

3. 仪器准备

首先检查冷却水、氩气钢瓶压力、废液承接容器等,装好空心阴极灯,安装石墨管,调节石墨管进样孔的位置,调节自动进样系统和准备高纯水备用,开启氩气(分压为 0.6 MPa)和电源(AAS 和电脑)。

4. 检测流程

(1)双击打开 AAS 的控制软件,选择相应的方法"Graphite/Autosampler"。

(2)设定仪器条件和参数。

① 点击"Element"→"Edit Element",选择测定元素铅、灯位置"Lamp Position"、测定顺序"Meas. Order"。

② 点击"Next"或"Instrument"进入"Instrument"(自动参数已设定),测量方式"Measurement Mode"为峰高"Peak Height"。

③ 点击"Next"或"Analytical Method",点击"Edit Analytical Method",进样体积"Injection Volume"一般为 20 μL,"Cuvette Type"为热解涂层石墨管"Tube A",温度控制"Temperature Control"为光控"Optical"。点击"Temperature Program"(共有 11 步),一般选择第 1 步的干燥"Dry"、第 5 步的灰化"Ash"、第 9 步的原子化"Atom"、第 10 步的高温除残"Clean"和第 11 步的冷却"Cool"。点击"Edit Temperature Program",载气流量"Gas Flow"为 200 mL/min,"Gas Type"为"Normal"。

④ 点击"Next"或"Working Curve",点击"Edit Working Curve Table",选择"W. Curve""Linear"、标准样品数(含空白)、单位(μg/L)、浓度(依元素的灵敏度而设,表中可查)。

⑤ 点击"Sample Table",编好样品名、样品数、单位(μg/L)、测定的重复次数(一般为"1")、开始与终止的顺序号(一般为自动编号"Auto Numbering")。

⑥ 点击"Autosampler",点击"Edit Cup Table",样品要在标准以外的号码内选择。

⑦ "QC""Report Format""Analysis Name"暂时不用调节。

(3) 选择点击"On-line",点击"Verify"("Ready"变绿色),选择"Instrument"中的"Condition Set",点击"OK"(自动调节 2~3 min),等"Ready"变绿后自行测定标准溶液和样品,同时测定试剂空白。

(4) 点击"End"结束操作,关氩气、冷却水(继续循环数分钟后,关冷却水电源"Off")和原子吸收主机电源。

(5) 点击"Data Process"处理数据,查看工作曲线和结果,然后打印工作曲线和样品测定结果并保存。

(6) 整理样品,倒掉废液,关闭电脑和打印机,仪器加罩。

12.4.3 实验数据与结果

1. 数据处理

计算样品铅的浓度:$C = C_x \times 5$,其中,C_x 为减去空白值后的血铅含量。铅浓度在线性范围内,标准曲线线性良好,回归方程为 $A = 0.009\,3 + 0.002\,8C$,相关系数 $r = 0.999\,6$。经石墨炉原子化器和塞曼偏振效应校正进行原子化和背景校正,测量峰高,测定吸光度,通过标准曲线求得铅含量,计算血铅值。

2. 结果与分析

对 4~6 岁的 503 名儿童血铅进行测定,结果 322 名男童平均血铅为 (80.72±27.51) μg/L,181 名女童平均血铅为 (66.81±23.52) μg/L。血铅高于正常参考值 100 μg/L 的有 41 例,占检测人数的 8%,儿童血铅水平 92%在正常范围之内,表明目前农村尚无明显的铅污染。石墨炉原子化在充有惰性保护气(氩气)的气室内,在强还原性石墨介质中进行,有利于铅的原子化。全血样品可不经消化直接进样进行分析。血样在石墨内能全部蒸发,原子化效率几乎达 100%,原子在测定区的有效停留时间长,约 0.1 s,几乎全部试样参与光吸收,灵敏度高。用本方法测定全血铅的含量,具有灵敏、准确、可靠等特点,这是一种理想的血铅测定方法。

12.4.4 实验关键与讨论

(1) 实验用水为石英亚沸蒸馏水;

(2) 实验中所用器材均用 20%硝酸浸泡 24 h 以上,用蒸馏水冲洗干净晾干备用;

(3) 因每次开机后环境条件、仪器性能和石墨管衰减等影响,每测定一批样品均需重新制备标准曲线;

（4）调节自动进样系统时，须将进样针调至在石墨管中下部，距离石墨管底部 1 mm 左右；

（5）由于石墨管有记忆效应，在正式测定之前需空烧几次，从而降低空白。[62, 63]

12.5 氢化物发生原子吸收光谱法在测定样品中砷、铅含量中的应用

12.5.1 研究背景与意义

流动注射与氢化物发生原子吸收联用，大大简化了操作步骤，提高了工作效率，具有灵敏度高，分析速度快，操作方便等特点，该方法常用于测定环境样品中痕量元素的测定，如香烟接装纸中的痕量砷、铅。

12.5.2 样品准备与过程

1. 样品准备

（1）香烟接装纸中的痕量砷提取。准确称取剪碎混匀的香烟接装纸样品 2.000 0 g，置于 250 mL 三角烧瓶中，加入 10.0 mL 混合酸浸润样品，放置过夜。然后在电热板上缓缓加热，待作用缓和后，稍冷，加入 2 mL 硫酸（硝酸对砷测定的影响很大，在硫酸中测定的灵敏度比在硫酸和盐酸中约低 50%），再缓缓加热，至瓶中溶液开始变成棕色，不断滴加硝酸至有机质分解完全，继续加热，至生成大量的二氧化硫白色烟雾，最后溶液应呈无色或微带黄色。将溶液冷却后加入 20 mL 去离子水，继续加热煮沸以消除残留的酸，如此处理两次，至消解液为 1～2 mL。冷却后用少量盐酸（1＋9）将溶液移入 50 mL 容量瓶中，稀释至刻度，混匀。每 1 mL 溶液相当于 0.04 g 样品。同时做空白实验。

（2）香烟接装纸中的痕量铅提取。在电子天平上准确称取 1.000 g 剪碎混匀的香烟接装纸于 100 mL 锥形瓶中，加入消化用混合酸 10 mL，盖上表面皿静置过夜。第二天置于电热板上低温（100 ℃）消化 1 h，然后升高温度，因为硝酸的沸点在 120 ℃，所以消解液温度控制在 120～130 ℃，使产生的棕色烟转为白色烟雾，待白色烟冒净后，视为消化完全（消化溶液至 1～2 mL）。向其中加入 10 mL 水继续加热，驱逐多余的酸，重复两次。冷却，转入 50 mL 容量瓶中，定容、摇匀。同时做空白溶液。

2. 溶液配制

（1）标准配制。分别取一定量的 1 000 mg/L 砷和铅的标准溶液，稀释得到一

定浓度的储备液，再依次量取梯度体积的储备液定容至刻度线得到系列标准溶液（实验用水为去离子水）。

（2）载流配制。量取 10 mL 浓盐酸，加入有适量水的烧杯中，待冷却后定容至 1 000 mL，备用。

（3）还原剂配制。用电子天平称取 1 g 的氢氧化钠，加入去离子水，待溶解完全后，再称取 10 g 硼氢化钾，再次溶解完全后定容至 1 000 mL，备用。

3. 仪器准备

首先，把电热石英管装入火焰原子吸收分光光度计燃烧器的缝中，平放扣紧，使光源从电热石英吸收管中间通过；检查氩气压力、氢化物发生器的水封（注入水至刻度线）和废液承接容器等，装好砷、铅空心阴极灯；将三根吸入管分别插入硼氢化钾、试样（标液）、载液中，按启动键，吸入完毕，哨音响后气液分离管内有大量反应气泡产生，此时说明发生器工作正常；否则为不正常。开启电源，稍等片刻（至少 15 s）后，打开电脑和 AAS 软件，选择相应的方法"Flame/Manual"来设定仪器条件和参数。点击"Element"，点击"Edit Element"依次分别选择所测定元素"As"和"Pb"、灯位置"Lamp Position"、测定顺序"Meas. Order"。点击"Next"或"Instrument"进入"Instrument"，选择无火焰、石英管，延时时间设置为 10 s，测定时间设置为 20 s。点击"Next"或"Analytical Method"，进入"Analytical Method"，选择峰面积。点击"Next"或"Working Curve"，点击"Edit Working Curve Table"，选择"W. curve""Linear"，标准样品数（含空白）设置为"5"，单位为"mg/L"，输入相对应的系列浓度。点击"Sample Table"，编号样品名分别为"1"～"6"，样品个数为"6"，单位为"mg/L"，测定的重复次数一般设置为"1"。开始与终止的顺序号，一般设置为自动编号"Auto Numbering"。以上参数正确设置后，点击"On-line"，点击"Verify"，页面中"Ready"变绿色即可。

4. 检测流程

打开氮气钢瓶总开关和气源输出开关调定输出压力至 0.25 MPa，调节载气流量调节旋钮至载气流量计读数为 200 mL/min 左右。将氢化物发生器连接电源，将电热石英管接线柱与发生器背面加热电源插座连接，将背面电源插座通电（220 V），通过调压器（内装）通电加热，实用电压 80～110 V（与当地市电电压和所测元素有关），原子吸收用专用调压器调至 100～150 V，石英管电热丝为橙红色。点击"Ready"（开灯），点击"Auto"（调零），按动启动键，同时点击"Start"采集数据。依次测定标准（第一个为空白），自动提示进入下一个检测，标准检测结束后，点击"Data Process"处理数据，查看工作曲线。若相关系数达到 0.999 以上，则继续进行样品的测定；若达不到标准，则重新配制。待标准和样品测定结束后，点击"End"结束操作，保存或记录数据并打印。将三根吸入管全部插入去离子水中，用水清洗氢化物发生器三次以上至气液分离器中无气泡产生。关氮气、电源。整理样品，倒掉废液，关闭电脑和打印机，仪器加罩。

12.5.3 实验数据与结果

1. 数据处理

在仪器最佳工作参数下,分别用砷、铅标准溶液制作校准曲线,得到标准曲线分别为

$$As: A = 0.022C\ (\mu g/L) + 0.030, \quad r = 0.999\ 6$$
$$Pb: A = 0.012C\ (\mu g/L) + 0.010\ 6, \quad r = 0.999\ 7$$

在相同条件下,分别测定制备好的待测样品溶液中各元素的吸光度,对每个样品分别平行测定三次,取平均值,按照回归方程计算各元素的含量。依据 $DL = C \times 3\sigma^{n-1}/A$,计算本方法的检出限。

2. 结果与分析

对 6 种不同品牌的接装纸中的痕量砷、铅分别测定 6 次进行精密度实验,实验结果表明,对于砷,样品砷含量范围为 0.64~1.34 mg/kg,相对标准偏差为 1.49%~4.69%,灵敏度为 0.16 mg/mL/1%A,回收率为 96.7%~104%。在仪器最佳条件下,对空白溶液和 10 μg/L 的砷标准溶液平行测定 6 次,,计算得到本方法的检出限为 0.18 μg/L。对于铅,样品中铅的含量范围为 3.36~5.31 mg/kg,RSD 为 2%~4%,铅的加标回收率为 95.7%~104%。

12.5.4 实验关键与讨论

(1)在测定元素砷、硒、锑、铋、铅、锡、碲、锗时需要将石英管加热,而测定汞时采用冷原子吸收法,无须加热石英管。

(2)样品的取样量不能太少,消化应该彻底,不可使被测元素损失。

(3)测标准和样品前需用去离子水水洗 1~2 次,不按"Start"。

(4)废液管下口必须在水面以上,不需水封,并保证管路顺畅。

(5)所有氢化物元素在测定过程中必须注意元素的价态,必要时需还原或氧化到适于测定的价态,价态不符将没有灵敏度或是灵敏度很低。例如,砷应为三价(亚砷酸根),铅应从二价氧化到四价。

(6)室温应在 15 ℃以上,室温高则灵敏度较高,反之则较低。

(7)标准曲线的 r 值应该接近 0.999,否则标准溶液需要重新配制。[64, 65]

第13章 原子荧光分光光度计及其研究性案例

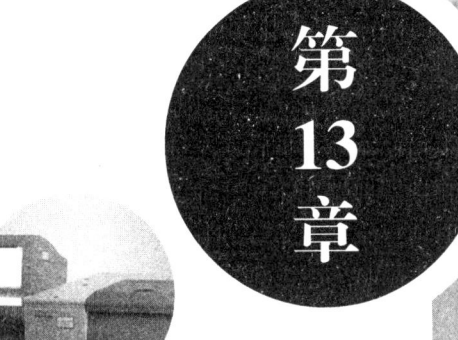

13.1 原子荧光分光光度计的基本原理

原子荧光分光光度计（atomic fluorescence spectrophotometer，AFS）的本质即是以光辐射激发的原子发射光谱，一定强度的激发光源照射含有一定浓度待测元素的原子蒸气时，产生一定强度的特征原子荧光光谱，测定原子荧光的强度即可求得样品中待测元素的含量。因此，原子荧光的发射强度与样品中待测元素的浓度、激发光源的发光强度以及其他参数之间存在着一定的函数关系，即荧光强度与待测元素的浓度成正比。[66, 67]

13.2 AF8420 原子荧光分光光度计简介

如图 13.1 所示，AF8420 原子荧光分光光度计内置间歇泵进样系统，能够克服连续进样浪费试液、流动注射装置复杂等缺点，氢化物发生器能够使待测元素与大量可能引起干扰的基体分离，几乎可以完全消除基体干扰，对进样效率也有很大提高，因此，AF8420 原子荧光分光光度计具有灵敏度高、干扰小、试剂用量小、谱线简单、线性范围宽等特点。该仪器采用高纯氩气为载气，待测元素的氢化物通过载气流导入原子化器或激发光源中发生原子化，对应的空心阴极灯照射激发原子时，信号强度发生变化。

图 13.1　AF8420 原子荧光分光光度计

原子荧光仪器分为有色散和无色散两类，其基本组成包括激发光源、原子化器、光学系统和检测系统四部分，仪器结构框图如图 13.2 所示。两类仪器的区别主要是，有色散仪器多了一个单色器，而无色散仪器在检测器前只需加一个光学滤光片，对于仅检测日盲区内元素的仪器甚至连光学滤光片都不需要。在曾经出现的商品仪器中，有色散仪器很少，基本以无色散为主，因此本章主要介绍无色散原子荧光仪器。由于氢化物发生-无色散原子荧光光谱仪（HG-AFS）是当前原子荧光的主要商品仪器，故本章主要介绍 HG-AFS 仪器的相关技术。

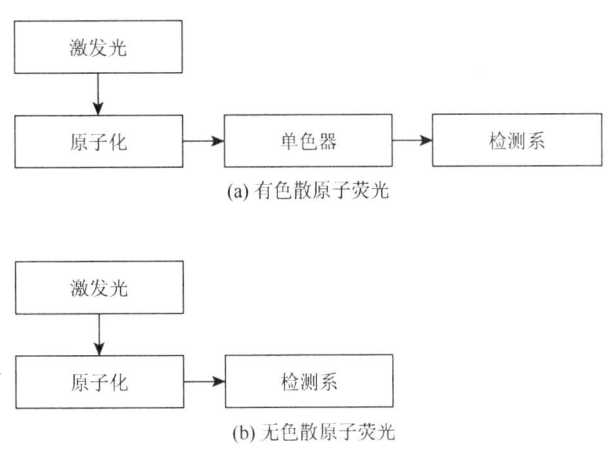

图 13.2 原子荧光仪器结构框图

【技术参数】

（1）ppb 级的样品分析；

（2）样品需呈溶液状，进样量为 2 mL 左右；

（3）仪器参数如灯电流、光电倍增管负高压、载气流量、屏蔽气流量等需要经过优化选出最佳条件；

（4）载流浓度和还原剂浓度的大小直接影响着原子荧光信号值的强弱，需要进行条件探索。

【主要特点】

（1）检出限达 ppb 级；

（2）具有双通道，两种元素可同时分析；

（3）仪器结构简单，价格便宜，运行成本低；

（4）线性范围宽，检出限低且灵敏度高。[68]

13.3 AF8420 原子荧光分光光度计在测定水产品中硒、汞中的应用

13.3.1 研究背景与意义

近年来,随着水污染的加剧,水产品食品安全备受关注,为保证人体健康,建立准确、有效地测定食品中硒、汞含量的检测方法是目前研究的热点。目前常用的重金属检测仪器主要是光谱类,而采用两种光谱仪器进行系统的方法比较对比研究较少,本节采用氢化物发生原子荧光法与原子吸收法测定标准样品中硒、汞的含量,对实验结果进行统计学分析比较,同时对方法的检出限、精密度进行测试。

13.3.2 实验准备与过程

1. 样品前处理

取 0.25 g 样品于 50 mL 干燥小烧杯中,并分别向烧杯中加入 3 mL 硝酸、1 mL 高氯酸,将加料的烧杯封口并放入通风橱中静置 2 h 后,再将该烧杯(去除封口)置于电炉上低温加热,待烧杯中的溶液变为无色,观察杯口有大量白烟冒出,停止加热,放入通风`橱内冷却至室温。继续向烧杯中加入 1 mL 浓盐酸,再将其放置在电炉上加热至微沸,再次放入通风橱内冷却至室温。最终得到的液体转移到 25 mL 容量瓶中,用少量超纯水连续清洗烧杯三次,将液体转移至容量瓶,加水定容备用。

2. 溶液准备

(1)标准配制。分别配置硒、汞的标准系列(Se: 0~40 μg/L; Hg: 0~0.8 μg/L),并分别加入(1+1)盐酸 5 mL,加水定容至 50 mL,用 AFS 8420 双通道原子荧光光度计进行测定。分别配置硒、汞的标准系列(Se: 0~30 μg/L; Hg: 0~4.0 μg/L),并采用氢化物发生原子吸收分光光度计进行测定。

(2)溶液配制。配制 2%盐酸溶液作为载流,1.5%硼氢化钾溶液作为还原剂。

3. 仪器准备

首先检查高纯氩气钢瓶压力(小于 0.5 MPa 应换新)。关电源状态下换上待测元素所需的灯,打开电源,调节光路(使光斑落在调光板十字叉正中间,待结束后务必取出调光板),若汞灯不亮,使用点火枪。观察水封中是否有水存在,若无则补上,同时观看气流管路是否正确。将流动泵压块压好,将细管放入还原剂,粗管放入载流液,废液管插入废液瓶中,废液管不得插入液面以下。

4. 检测流程

（1）打开桌面"AFS-8x 系列原子荧光光度计"软件，"自检测"栏下点击"检测"自检通过后，按"返回"键。

（2）设定仪器条件和参数。

① 打开氩气，分压设为"0.2-0.3 MPa"，点火，同时打开"运行"中预热一栏，将元素灯预热约 15 min 后检测。

② 打开"元素表"，根据所测元素，在 A 道或 B 道的元素灯下选中"自动识别"，"进样方式"为"手动"；若另一元素灯不用，则选中"手工设置"，"单阴极灯"下选择"None"，点击"确定"。

③ "仪器条件"下设定"负高压"为"200-300 V"，灯电流 Hg 为"15-45 mA"，其余元素为"30-100 mA"，载气流量，屏蔽气流量等。"测量条件"下，若要先测标准溶液再测样品，则设定测量方法为"Stad. Curve"；若直接测定样品，则选用"Test"；若要测定 RSD，"LD"则选用"Statistics"。"读数方式"选择"峰面积"，点击"应用"，可以将当前设置的参数保存，并且通过串行口设置仪器参数。

④ "标准系列"双击输入所对应灯道的标准溶液浓度，点击"确定"。

⑤ "样品参数"中"添加样品"中输入样品信息。"样品空白"下选择一个样品空白作为基准。

⑥ 设定完信息后，单击"测量窗口"，出现测量窗口，就可以开始检测。

（3）测量过程。

① 将采样管插入标准空白中，选中"标准空白"，点击"检测"，泵将溶液吸入后停止转动，快速将采样管插入到盐酸溶液中，泵再启动吸入盐酸溶液，停止。重复操作测完标样，停止。

② 点击任务栏中"工作曲线"可以查看标准曲线的具体情况。

③ 将采样管插入到样品溶液中，选中表中所有样品，点击"从选中位置"开始，开始测定，具体操作方法同测量标准溶液的操作方法。样品测得的值是扣除样品空白后的荧光值。

④ 测试结束后，熄火，将进样管与还原剂管都插入纯水中，点击"清洗"三次。

⑤ 关闭载气，并打开压块，放松泵管。

⑥ 关闭 AFS-8x 软件、氩气钢瓶和仪器电源。

13.3.3 实验数据与结果

1. 数据处理

分别配置不同浓度梯度的硒、汞的标准溶液，采用原子荧光法进行测定，将得到的荧光信号与待测标准溶液浓度建立标准曲线方程,对硒、汞元素分别作多次空白实验,并分别计算待测元素测试得到的相对标准偏差和检出限,得到相关数据如表 13.1 所示。

表 13.1　两种方法测硒、汞的标准曲线相关数据

待测元素	线性范围/(μg/L)	线性方程	相关系数	RSD/%	LOD/(μg/L)
硒	0～40	$y = 178.07x - 52.074$	0.9998	1.424	0.0814
汞	0～0.8	$y = 3376.2x - 28.684$	0.9995	2.365	0.0093

2. 结果与分析

分析数据可知,氢化物发生原子荧光法的检出限低、稳定性好。采用氢化物发生原子荧光光谱法对样品中的两种待测元素的含量进行测定,本实验采用上述两种方法按最佳实验条件对几种常见水产样品中的硒、汞进行测定,并对上述样品进行加标回收实验,结果如表 13.2 所示,均获得了良好的回收率。

表 13.2　回收率实验

元素	样品	样品含量/(mg/kg)	实际测得量/(mg/kg)	回收率/%
硒	鲫鱼	0.274	0.768	98.8
	鲈鱼	0.373	0.855	96.4
	带鱼	0.807	1.297	98.0
	黄鱼	0.615	1.062	89.6
汞	鲫鱼	0.018	0.063	91.3
	鲈鱼	0.082	0.135	104.4
	带鱼	0.059	0.109	98.4
	黄鱼	0.035	0.084	96.9

注:硒的加标量为 0.5 mg/kg;汞的加标量为 0.05 mg/kg。

13.3.4　实验关键与讨论

(1) 六价硒需还原成四价硒,进而反应生成硒化氢;

(2) 更换元素灯一定要在主机电源关闭的情况下进行;

(3) 因原子化器内部达到接近 200 ℃的热平衡需要大约 20 min 的时间,所以在调好光路、设置好各项条件以后,建议先把点火开关打开预热;

(4) 元素灯的预热必须在测量时点灯情况下,特别是双阴极灯和新灯,要预热的时间长些;

（5）注意观察原子化器是否处于"点火"状态，正常测定时氢氩火焰呈淡蓝色，需注意观察；

（6）系统在样品测量结果 AD 溢出或者超出最大标准系列浓度时，系统将自动使用标准空白液（自动方式时）进行清洗。

13.4　SA-10 原子荧光形态分析仪简介

如图 13.3 所示，SA-10 原子荧光形态分析仪采用高效液相色谱与原子荧光分光光度计联用，通过不同的高效液相色谱柱对不同种类样品中待测元素进行分离，再以高灵敏度的原子荧光分光光度计作为检测器，对待测元素的不同形态化合物进行定量分析，形态分析时常加入特殊接口，如氢化物发生器、紫外照射等，提高待测元素的荧光效率，从而对待测元素进行分离富集，进一步改善检测灵敏度。

图 13.3　SA-10 原子荧光形态分析仪

【技术参数】

（1）进样量至少为 100 μL；

（2）液相泵的压力要小于 20 MPa；

（3）各色谱峰的分离度应大于 1.5，表示完全分离；

（4）测样时流动相流速一般为 1.0 mL/min。

【主要特点】

（1）检出限达 ppb 级；

（2）对元素进行形态分析，定性定量；

（3）仪器结构简单，价格便宜，运行成本低，优化条件后可与 ICP-MS 相当；

（4）线性范围宽，检出限低且灵敏度高。[69-71]

13.5 SA-10 原子荧光形态分析仪在测定水产品中硒形态的应用

13.5.1 研究背景与意义

近十几年来，硒元素因其独特的生理功能而受到人们关注，微量元素硒在人体内能起到增强免疫系统、调节生长激素、恢复胰岛功能、抗氧化防衰老等作用，但硒在人体发挥的作用具有双重性，人体缺硒会引起心、肝、肺、胃等重要器官的功能失调，而人体内硒水平过高，急性中毒症状包括心律不齐、肝脏坏死、肺水肿、脑水肿等，慢性中毒常表现为四肢无力发麻、指甲易碎易脱落、肠胃不适等症状。因此，硒在生物体内的毒性和生物活性不仅与硒含量有关，还取决于硒元素存在的化学形态。研究证实，只有硒酸盐、亚硒酸盐及含硒氨基酸具备可食用性，能够作为补硒食品满足人类补硒供给。因为硒的各种化合物易发生相互转化，所以既不破坏各种硒化合物的状态又能有较高提取率的前处理方法，是对硒形态进行定量、定性分析的重要前提。为了满足对硒形态深入研究的需求，建立高效的分离技术与选择性好、灵敏度高的检测系统联用的分析方法也是目前研究的重点。

研究内容包括水产品前处理方法的选择、离子交换色谱-原子荧光形态分析仪的仪器条件优化，以及对水产品中的硒形态的定性、定量分析，建立一种适用于水产品中硒形态分析的检测方法。

13.5.2 实验准备与过程

1. 样品前处理

碱提取法：称取 2.0 g 样品加入 10 mL 1.5 mol/L 氢氧化钾溶液、2 mL 甲醇，振荡混匀，沸水浴中加热 15 min，超声 5 min，重复两次。待提取结束，加入 12 mol/L 盐酸溶液 1.5 mL，调节 pH 至 6.0～7.0，将混合物以 4000 r/min 离心 10 min，收集上层液体过 0.45 μm 滤膜，加水定容至 25 mL。

2. 溶液准备

将所购置的硒代胱氨酸、硒代蛋氨酸和亚硒酸盐标准品配制成标准系列溶液。配制 30 mmol/L 的磷酸二氢铵溶液作为流动相，5%盐酸溶液作为载流，5 g/L 氢氧化钾和 10 g/L 过硫酸钾作为氧化剂，5 g/L 氢氧化钾和 20 g/L 硼氢化钾作为还原剂。流动相一定要用色谱纯试剂来配，用高纯水定容，配好后要抽滤、超声后才能使用，其他实验用水为去离子水。

3. 仪器准备

（1）先检查高纯氩气钢瓶压力（小于 0.5 MPa 应换新）、废液承接容器（废液管不得插入液面以下），将实验所用的色谱柱和保护住安装好（测硒用 PRP-X100 色谱柱）。安上 4 个泵管，切换载气管，并将炉心管原与水封相连的部分拆开，与氢化物管相连。装好硒空心阴极灯，开启电源。

（2）稍等片刻（至少 15 s）后，打开电脑和 LC-AFS 色谱-原子荧光联用数据采集系统的软件操作系统。

（3）设定仪器条件和参数。

① 点击"联机通讯"，出现"串口设置"窗口，选择一个串口，点击"确定"。如果连接正常，就会在 LC-AFS 色谱-原子荧光联用数据采集系统主页面的下方用红色显示"原子荧光检测器联机成功"。

② 点击"数据文件"，出现一个"创建文件"窗口，缺省设置为"默认实验方法"，数据文件存储在"LC-AFS/data"，数据文件"采用自动生成"的方式存储。

③ 点击"元素识别"，进入元素识别窗口，点击"识别"后，就会显示被识别的元素硒灯，单击"确定"，退出该画面。

④ 点击"仪器参数"，进入"仪器控制"画面，设定总电流 90 mA，辅阴极电流 45 mA，光电倍增管负高压 300 V，载气流速 300 mL/min，屏蔽气流速 800 mL/min。点击"传送参数"，设定完参数之后，点击"传送参数"把设置的参数传送到原子荧光检测器主板上，并点击"点火"按钮，最后点击"确定"。

⑤ 点击"采集参数"，进入"采样控制"窗口，这里可以设置采用的结束时间、当前窗口的时间初始显示的最大值和最小值以及荧光信号电平初始显示范围。

4. 检测流程

（1）先用流动相冲洗柱子：打开高压泵电源后，将排空旋钮逆时针旋转 180°，点击"purge"排空管道内的空气，再按"purge"自动停止，将排空旋钮关闭后点击"func"键设置流速为 1.0 mL/min，按下"pump"键启动泵。

（2）把相应的毛细管插入反应液（载流、还原剂、氧化剂）中，打开 SA-10 形态分析预处理装置的电源开关，在 RPM 面板上用上下键调节蠕动泵的转速为 40 r/min，按下"PUMP"触摸开关，启动蠕动泵。把四通切换阀阀位转到"UV"位置，同时按下"UV"触摸开关，SA-10 形态分析预处理装置内的紫外灯亮。

（3）待反应稳定后，点击 LC-AFS 色谱-原子荧光联用数据采集系统的"开始"，开始采集基线。此时画面下方显示当前的时间值和荧光信号，画面中除了"采集参数"和"停止"之外，其余按钮均处于灰化状态，不能进行设置。采集过程中可以随时调整采集参数，也可以随时按"停止"，停止信号的采集。

(4) 基线稳定后，点击"停止"，开始进样。再将样品打入四通阀，由此进入色谱柱，进样时保证进样量不少于 100 μL，将进样阀板下来的同时点击 LC-AFS 色谱-原子荧光联用数据采集系统的"开始"，待所有组分出峰完全后点击"停止"，保存数据，再进行下一次的测量。

(5) 测定结束后，关闭 LC-AFS 色谱-原子荧光联用数据采集系统软件、氩气钢瓶和仪器电源，并将毛细管插入冲洗至气液分离器中无气泡产生，并用水冲洗色谱柱 30 min 以上，并用甲醇溶液保存色谱柱。

13.5.3 实验数据与结果

1. 数据处理

当一组数据采集结束后，双击桌面上的"数据分析"软件。点击"打开谱图"，打开要分析的数据文件。点击"积分"下的"手工识别"，可以进行手动积分、增加峰、删减峰等操作。对谱图进行手工识别后，要点击"保存谱图"进行保存。

(1) 外标法标样的操作。点击"标准"下的"外标标准"，弹出"计算校正因子"窗口，点击"校正表"选项，将"时间窗"中"峰的时间窗"设为"0 + 10"，并在"%"后选中，其他选项为默认值即可；点击"多谱图打开"，把处理后保存的不同浓度的标准溶液的谱图全部选中后，点击"打开"，主界面上就会显示所有曲线的叠加图；点击"添加针次"，点击的次数与谱图的个数对应，校正表中显示添加谱峰的信息，在"浓度"一栏中添加标准样的已知浓度；选中峰号后点击"显示校正曲线"即可在校正曲线框中显示对应标准曲线；最后点击"保存"。

(2) 外标法样品的操作。打开样品谱图数据，点击"外表校正"或选择"定量计算"中的"外标法"，弹出分析结果对话框；点击"载入校准表"选择需要载入的标准曲线文件，分析结果对划框将标准表打开，点击"计算"，自动计算出该数据的组分浓度；点击"退出"，会将计算结果显示于页面中。如未显示，点击积分中的"计算结果"，最后"保存"。

(3) 报告输出。点击"打印"进入"打印编辑程序"，通过编辑来确定要输出的报告的格式。

2. 结果与分析

三种硒形态标准溶液采用本实验建立的方法进行检测，各形态均呈现很好的线性关系，相关系数均大于 0.9990。按实验方法对硒混标进行平行测定 11 次，计算出硒形态的相对标准偏差，方法检出限如表 13.3 所示。对 6 种样品按实验条件进行分析测定，并进行加标回收实验，结果如表 13.4 所示。硒化合物标准图谱、水潺样品和加标回收率谱图如图 13.5、13.6 所示。

表 13.3　方法线性范围、检出限实验结果

化合物	线性范围	线性方程	相关系数	RSD/%	LOD/(μg/L)
SeCys	0~80μg/L	y = 45 2755x + 43 1636	0.9992	1.15	1.66
SeMet	0~80μg/L	y = 20 5350x − 10 6647	0.9998	0.41	0.91
Se(Ⅳ)	0~80μg/L	y = 11 7337x + 13 2678	0.9991	0.33	1.10

表 13.4　水产品硒含量及加标回收率

元素	样品	样品含量/(mg/kg)	实际测得量/(mg/kg)	回收率/%
硒	鲫鱼	0.274	0.768	98.8
	鲈鱼	0.373	0.855	96.4
	带鱼	0.807	1.297	98.0
	黄鱼	0.615	1.062	89.6
汞	鲫鱼	0.018	0.063	91.3
	鲈鱼	0.082	0.135	104.4
	带鱼	0.059	0.109	98.4
	黄鱼	0.035	0.084	96.9

注：加入标准 SeCys、SeMet、Se(Ⅳ) 分别为 0.250 mg/kg、0.250 mg/kg、0.688 mg/kg。

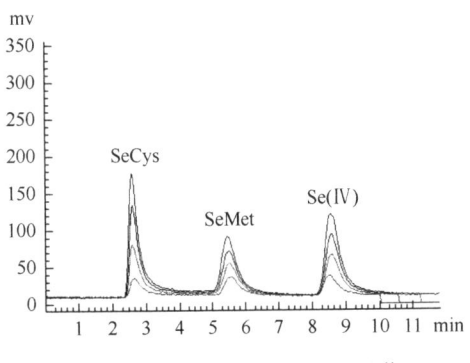

图 13.5　硒化合物标准曲线图谱

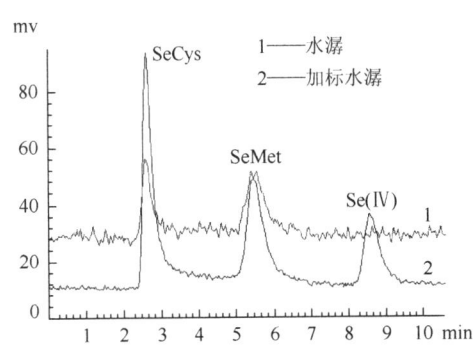

图 13.6　水潺样品谱图和加标回收率谱图

13.5.4　实验关键与讨论

（1）流动相一定要用色谱纯试剂来配，当天配制，经抽滤、超声后才能使用，流动相瓶中溶液需没过滤头高度，及时添加，防止空吸；

（2）设定完参数后，一定要点击"传送参数"，否则没有信号显示；

（3）测量时需用流动相平衡色谱柱 30 min 以上；

（4）液相色谱柱价格昂贵，使用后需进行冲洗，防止盐类沉积堵塞色谱柱，并谨慎保存；

（5）待基线稳定后方可进样测定，波动大约为 4 个单位；

（6）样品进样前均需经 0.45 μm 的水相滤膜过滤，防止堵塞色谱柱。

第14章

差示扫描量热仪及其研究性案例

14.1　差示扫描量热仪的基本原理

差示扫描量热法（differential scanning calorimetry，DSC）是指在程序控温下，测量输入到被测样品和参比物的能量差与温度（或时间）关系的技术。对于不同类型的 DSC，"差示"一词有不同的含义：对于功率补偿型，指的是功率差；对于热流型，指的是温度差；扫描是指程序温度的升降。差示扫描量热仪可以分为热流型和功率补偿型两种基本类型，功率补偿型有两个独立的炉体，其基本思路是在始终保持样品和参比两端产生的能量差，并直接作为信号热量差输出；而热流型差示扫描量热仪只有一个炉体，样品和参比放在热皿板的不同位置，其基本思想是在给予样品和参比相同的输入功率条件下，测定样品和参比两端的温差，然后根据热流方程，将温差换算成热量差作为信号的输出。在功率补偿型差示扫描量热仪中，通常不区分样品温度和参比温度，统称为炉温或样品温度，这种双炉体的功率补偿型差示扫描量热技术是目前最成熟的设计。通常，被测样品不是直接放在炉子中，而是放在密封、半密封或不密封的样品皿中，靠样品皿和炉子的底部接触导热。DSC 的热流曲线记录的是输入到样品和参比的功率差。举例说明，如果样品是水，那么当实施降温温度程序时，达到水的成核温度后，由于成核和冰晶的生长，会伴随明显的放热现象，放出的热量会使样品侧的炉温暂时升高。温差检测装置就检测到温差的存在并立即对其进行负功率补偿，这是通过减小样品侧的加热功率实现的。这样，就可以将功率差记录下来，以时间或温度作为横坐标绘制成 DSC 的热流图谱，从而很容易通过 DSC 热流曲线确定成核温度，通过软件的积分程序还可以计算出在该过程中的焓变。DSC 的应用非常广泛，每年关于 DSC 的理论和应用的文章有数千篇，其应用已经渗透到材料、生物、医药、食品、临床、地质、冶金、矿产、石化、航空航天、轻纺、军事、商检、法医、侦破、考古等众多领域。[72]

14.2　DSC 8000 差示扫描量热仪简介

如图 14.1 所示，DSC 8000 差示扫描量热仪是美国铂金埃尔默公司生产的最新一代功率补偿型差示扫描量热仪，使用温度范围为-180～750 ℃。试样和参比物分别放在两个完全独立的加热炉中，由于使用了超轻质炉体，同热流式差示扫描量热仪的 30～200 g 的炉子相比，可实现更快速的可控升、降温过程。DSC8000 差示扫描量热仪同安装有 Pyris 软件的计算机相连，通过温度控制程序控制整台设备。通过控制软件，可以设定温度从某一值线性变化到另一值，同时研究该过程中试样产生吸、放热效应的相关转变，如熔融、玻璃化转变、固相转变和结晶。与先前的同类产品相比，该型号改进了低温性能，降低了基线噪音，提高了灵敏度和分辨率。

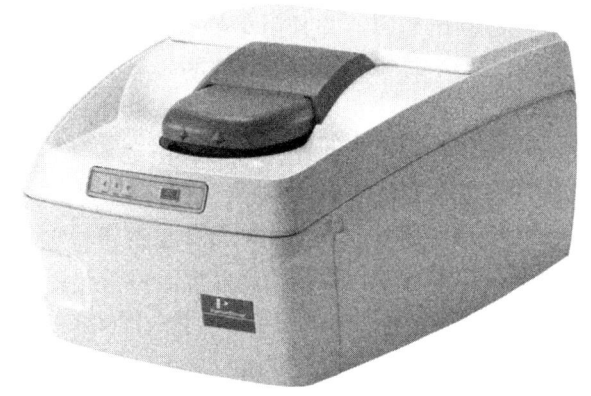

图 14.1　DSC 8000 差示扫描量热仪

【技术参数】

（1）信噪比：36 000∶1（峰-峰值，1 min 测试）；

（2）采样速率：80 张/s（16 cm^{-1} 分辨率）；

（3）测量谱区：25 000～20 cm^{-1}；

（4）步进扫描时间分辨率：5 ns；

（5）分辨率：0.5 cm^{-1}，可选 0.2 cm^{-1}。

【主要特点】

（1）自由降温的冷却速率超过 1000 ℃/min，可模拟真实生产过程，极快速的数据采集能力，数据信息丰富全面；

（2）双炉体设计，提高了量热灵敏度；

（3）高压附件可在高达 600 psi 压力下测试样品；

（4）包含调制 DSC 功能用于分析动力学过程；

（5）冷却附件切换简便易行，适用于实验室的长期选配需求；

（6）使用阻抗分布均匀的铂电阻测温计，提高了测温精度；

（7）先进的炉体气帘技术，可有效避免结霜；

（8）直观明了的 Pyris 控制软件。[73]

14.3　DSC 8000 差示扫描量热仪在测定复合材料相变焓中的应用

14.3.1　研究背景与意义

复合相变储能材料的使用是提高能源利用率的有效途径。采用无毒、环保的材料作为复合相变储能材料的原料,并且用更简单的制备方法以及更低的成本、更高的储能容量已经成为当今复合相变储能材料的热点问题。

DSC 是一种热分析法。在程序控制温度下,测量输入到试样和参比物的功率差(如以热的形式)与温度的关系。差示扫描量热仪记录到的曲线称为 DSC 曲线,它以样品吸热或放热的速率,即热流率 dH/dt(单位:mJ/s)为纵坐标,以温度 T 或时间 t 为横坐标,可以测定多种热力学和动力学参数,如比热容、反应热、转变热、相图、反应速率、结晶速率、高聚物结晶度、样品纯度等。该法使用温度范围宽、分辨率高、试样用量少。在研究过程中,DSC 8000 差示扫描量热仪能实现对复合相变储能材料的热力学参数的测定。

14.3.2 实验准备与过程

1. 样品准备

采用溶胶凝胶法制备,所用原料试剂为数均相对分子质量不同的聚乙二醇、钛酸丁酯(99%),以异丙醇(99.9%)和去离子水为溶剂。按化学式计量比准确称量各原料试剂,按相应顺序加入反应容器中进行反应,反应在室温条件下进行。在温度为 50 ℃ 的干燥箱中干燥 48 h,得到聚乙二醇/二氧化钛复合相变储能材料。

2. 制样操作

固体粉末样品,在测试前要先用研钵研细,随后称量 5~10 mg 样品于试样皿中,尽量使其表面均匀平整,将试样皿盖盖在试样皿内,用压样机压制使试样皿边缘卷下(在样品压制时,必须有操作经验的人员现场进行指导或进行示范演示才可操作,因为压样机的不当使用会造成其不可逆的损坏)。将压好的试样编号,准备进行测试。

3. 仪器准备

检查氮气钢瓶内剩余压力是否大于 2 MPa,如果总压力小于 2 MPa,建议更换新的氮气钢瓶以防止残余气体中水分等杂质气体对实验结果产生负面影响;打开氮气总压力阀,并调节减压阀压力不超过 2.0 bar;打开 DSC 8000 差示扫描量热仪主机电源,打开电脑主机,待仪器上"Ready"灯变绿后,可双击打开 Pyris 控制软件进入主控界面;打开仪器连接的机械制冷设备,等待 60 min 并确认机械制冷机液晶屏上显示的温度降低至恒定值(一般为 98 ℃ 左右);设置 DSC 样品温度至室温,如 25 ℃(在"Go To Temp"按钮下的输入框内键入目标温度值,然后单击"Go To Temp"按钮);待机准备。

4. 检测流程

将样品皿和参比皿分别载入 DSC 8000 差示扫描量热仪主机的样品仓位和参比仓位(样品在左,参比在右);关闭炉盖,并在 Pyris 软件的方法编辑窗口设置好测试方法参数;点击"开始测试"按钮,并切换软件界面至监视窗口,等待实验结束。

14.3.3 实验数据与结果

1. 数据处理

测试软件自带数据处理功能。首先启动"Pyris Manager",之后会在屏幕上方出现 Pyris 任务栏,单击"Start Pyris"按钮,大约 10 s 后即可进入数据分析主页面,同时打开上次打开的最后一个数据文件。打开数据文件的方法有如下两种:使用"File"菜单的打开数据文件功能;使用工具条上的"Data Analysis"按钮。两种方法都弹出 Windows 标准文件对话框。每次可以选择打开一个文件,也可以选择打开多个文件。"File"菜单包含常用的文件打开和保存命令,同标准的 Windows 程序相似。激活曲线的方法是用鼠标左键在曲线上单击。每个窗口中只能有一条活动的曲线。"Curves"菜单主要实现对不同类型实验数据进行显示,以确定对实验数据系列中的哪一组进行操作。"Math"菜单主要实现曲线的数学运算,如求导运算、加减运算及求平均值等。"Calc"菜单下包括 DSC 数据分析的绝大多数命令,只有很好地掌握了该菜单的功能并灵活运用,才能从实验数据中获得更多的真实的信息。峰面积"Peak Area"命令是进行活动曲线的峰面积以及相关计算,选择该命令后,在活动曲线两端上出现"×",表明要在两个"×"之间寻找合适的位置并进行与峰有关的计算,常用的计算为焓值计算;也可在"Peak Calculation"对话框里输入左、右边界,一般只要将整个峰包括两个端点内即可,不要选得太大或太小。实验数据导出后经数据软件 Origin 处理叠加后得到数据如图 14.2 所示。

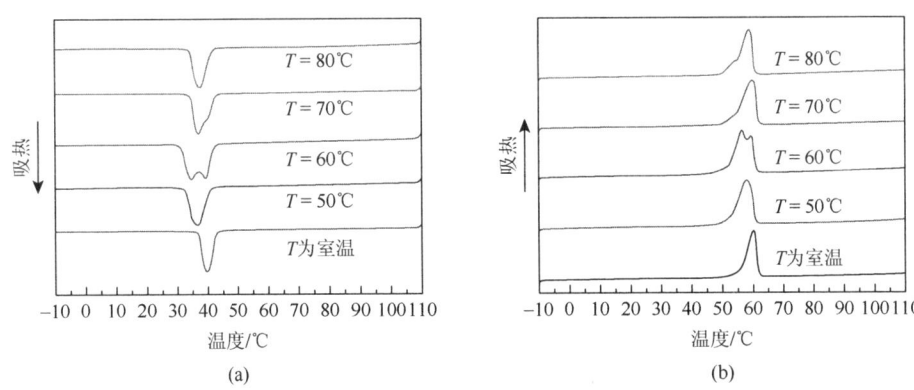

图 14.2 不同反应温度下的 PEG@TiO_2 的冷却-加热曲线

2. 结果分析

图 14.2 表示不同反应温度下的 PEG@TiO_2 复合相变储能材料的冷却-加热的 DSC 曲线,和对应的 PEG@TiO_2 复合相变储能材料的相变焓及相变温度。由此分

析计算可知，随着温度的升高，PEG@TiO$_2$ 复合相变储能材料的相变焓及相变温度都略有减小，幅度不大。相变温度的误差在±2.4 ℃左右，温度升高后的相变焓较之实验在常温下反应有所减少，这可能是因为，随着温度的升高，溶液所处环境的温度升高，使溶液中存在的 TBOT 水解缩合的速率加快，造成溶液中存在没有包覆 PEG 的空 TiO$_2$ 微球，造成相变焓的降低。所以实验选取在室温下反应。

14.3.4 实验关键与讨论

（1）仪器运行时应避免仪器周围有明显的震动，严禁打开上盖，轻微地碰及仪器前部就会在 DSC 热流曲线上产生明显的峰谷。不要在采集数据的过程中调整样品净化气体的流量，因为气体流量的轻微改变就会对 DSC 热流曲线产生明显的影响。

（2）当软件出现故障时不要按计算机重新启动按钮。正确的做法是启动任务管理器（同时按下 Ctrl-Alt-Del 键），结束 Pyris 进程。

（3）在电源未断开的情况下，不要拆下设备外罩修理内部电路。

（4）本仪器必须使用纯度大于 99.9%的气体作为净化气体。

（5）使用铝制试样皿时，最高温度不应超过 600 ℃（铝的熔点为 660 ℃），否则融化的试样皿会损坏炉子。

（6）确保无异物掉进炉子周围的空隙处。一旦发生此类情况，应立即切断电源，并与代理服务机构联系。

（7）盖炉子的铂金盖时不要用力，以能自然轻松放入为准，以保证热接触状况对称并避免盖子变形。如有变形，要用专用工具调整。

（8）加样、取样时间最好不要超过 2 min，严禁将旋转滑盖长时间打开。将样品皿和参比皿从炉膛中取出并丢弃至指定位置。

（9）使用前检查炉体是否有污染或者样品溢出的情况，如有污染情况，需适时灼烧炉体或者做相应的清洗工作；使用后关闭机械制冷设备，待"Service"显示温度降至室温可关闭主控 Pyris 软件；关闭主机电源，关闭氮气钢瓶总压力阀，做好仪器使用登记工作，以备后续查阅。[74, 75]

第15章

X射线单晶衍射仪及其研究性案例

15.1 X射线单晶衍射仪的基本原理

X射线单晶体衍射仪（X-ray single crystal diffractometer）分析的对象是一粒单晶体，如一粒盐。在一粒单晶体中，原子或原子团均是周期排列的。将X射线（如Cu的Kα辐射）射到一粒单晶体上会发生衍射，由对衍射线的分析可以解析出原子在晶体中的排列规律，即解出晶体的结构。物质或由其构成的材料的性能是与晶体的结构密切相关的，例如，金刚石和石墨都是由纯碳构成的，但它们的晶体结构不同，故它们有着截然不同的性质。单晶结构分析应用范围十分广泛，凡是可获得单晶体的样品均可用于分析。该方法样品用量少，只需0.5 mm大小的晶体一粒，即可获得被测样品的全部三维信息，结构包括原子间的键长、键角、分子在晶体中的堆积方式，分子在晶体中的相互作用以及氢键关系、π-π相互作用等各种有用信息。单晶结构分析是有机合成、不对称化学反应、配合物研究、新药合成、天然提取物分子结构、矿物结构以及各种新材料结构与性能关系研究中不可缺少的最直接、最有效、最权威的方法之一。[76]

15.2 APEX Smart CCD X射线单晶衍射仪简介

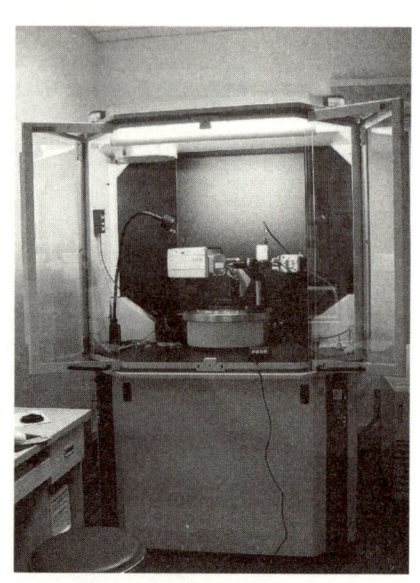

图 15.1 APEX Smart CCD X射线单晶衍射仪

如图15.1所示，APEX SMART CCD X射线单晶衍射仪配备先进的CCD面探测器，其突出特点是高灵敏度、高分辨率和低噪音。为了增加光源强度，该仪器用单管透镜代替准直管，对于钼靶，光强度可增加50%，有利于获得更多可观察反射点，更准确地测定结构。配备低温装置，可进行低温状态下（室温至−138 ℃）的晶体结构分析。先进的SHELXTL软件包能快速完成晶体结构解析、分子及晶胞的图形显示，生成供发表的晶体学信息文件。

【技术参数】

（1）CCD探头无束锥，1∶1耦合，光学纤维长度仅1 mm，无图像畸变，灵敏度高；

（2）映象面积62 mm×62 mm，4K CCD

芯片，其面积大容量高，像素分辨率高（15 μm×15 μm），量子效率大于 170 电子/X 光子（钼），暗流低（0.1 el/pix.sec）；

（3）芯片有 4 个寄存器输出通道口，800 kHz（4×200 kHz）的有效读出速率；

（4）APEX CCD 阱深 3.2×10^7 个电子，20 位动态范围，有利收集强反射而不溢出；

（5）X 射线完美成像的 Lockheed 芯片的 LMF，具有独一无二的契合性。[77]

15.3 APEX Smart CCD X 射线单晶衍射仪在测定小分子化合物分子间弱作用力中的应用

15.3.1 研究背景与意义

磺酰胺衍生物是合成的广谱抑菌抗生素类药物的原料。这些化合物通常应用于在人类和动物的细菌性疾病的治疗和预防中。因此，在畜牧业中作为农场动物的饲料添加剂，来预防和治疗传染病预防，以促进经济的增长。2-(甲苯-4-磺酰胺基)-苯甲酸常常被认为是含 N 杂环化合物的激活剂来作为起始原料制备多种磺胺类药物，用以治疗类风湿性关节炎、肥胖男性勃起功能障碍等疾病。韦斯布菲特等人仅仅对它的合成路线进行了发表报道，为研究其作用机理，课题组在进一步研究了这种化合物的光谱性能和热性能，并借助 X 射线单晶衍射仪对其晶体结构和分子间的弱作用进行了研究和报道。

15.3.2 实验准备与过程

1. 样品准备

2-(甲苯-4-磺酰胺基)-苯甲酸是根据韦斯布菲特等人的方法合成的。将对甲苯磺酰氯（10 mmol, 1.91 g）加入碳酸钠（30 mmol, 3.18 g）溶液（40 mL），室温下加入 2-氨基苯甲酸（10 mmol, 1.37 g）。反应 10 h 后将混合物 pH 调整为 2，过滤柱层析分离得到标题化合物的白色固体。空气稳定，对湿敏感的化合物是粉末，可溶于水和一系列常见的有机溶剂，如甲醇、乙醇、乙酸乙酯和二氯甲烷。纯化后的产物溶解于 95%乙醇中，待溶剂挥发，无色块状的晶体在 7 天后可以分离得到。

2. 样品安置

晶体的安置通常也称为粘晶体，安置前一般最好先观察其是否稳定。品质好的晶体，应该是透明、没有裂痕、表面干净、有光泽、外形规整的，可以通过在显微镜下观察，进行筛选。如果晶体颗粒过大可以用解剖刀切割。挑选好的晶体

需要粘在固定在金属铜管的玻璃丝上,这一步的正确做法是将晶体垂直立在玻璃丝的顶端,防止在检测期间滑落。本次实验最后选取 0.29 mm×0.27 mm×0.07 mm 大小的单晶颗粒。

2. 仪器准备

开机预热:开外部循环水(设定为 25.5 ℃,过程中值会有所偏高,符号为 run);开内部冷却水(设定为 0 ℃,在±1 ℃左右回升,符号为 Φ);打开主机电源(当主机右侧的绿色电源按钮(符号为 Φ)按一下,则此按钮下面的 4 盏灯会全部亮起来,等一会儿后剩下 2 盏"On"和"Alarm";门会响一下,这一过程需 30 s);开电脑;开高压电源(注意需将主机右侧的"High Voltage"开关按顺时针 95°轻轻旋转一下,并保持 5 s,此时主机上面的两盏灯会变亮,"Ready"灯亮,则操作正确);开 CCD 电源(顺时针将主机下面的铁板打开,开边上的按钮"On",再小心关上铁门)。

点击电脑桌面 Smart 程序,做好参数设置:①设置 Generator 发生器,调整电压与电流("Smart"→"Goniom"→"Generator"修改成 50 kV,30 mA);②查看 CCD 经水冷后的温度状态("Smart"→"Goniom"→"Manul"按字母 U 进入查看信息,按 ESC 两下推出程序,标准为 50 kV,30 mA,CCD 为–44 ℃),若没达到标准状态,需等待再进行下一步操作;③设置 Detector 探测器的暗电流("Smart"→"Detector"→"Dark"→"OK",注意修改"5/zwx"和"5"两处,开始做背景暗电流,窗口下面出现 Taking exposure X of 16,待完成后窗口主体背景为红色,右下角显示已选择的"zwx 5";④设置新的路径和文件名("Smart"→"crystal"→"new project"→"OK"→"small molecule",注意需要输入 name:XXX 和 working directory:X:\XXX)。仪器准备就绪,可以上样检测。

3. 检测流程

开主机内的白炽灯,以便观察;开快捷键中 Image(图像)程序,经放大可以看到样品是否被安置在靶心位置;开铅玻璃门手动对心上样;检测样品的实际大小并做好记录。按 ESC 退出 Image,进入 Smart 程序查看仪器状态("Smart"→"Goniom"→"Manul",按字母 U 进入查看信息,标准为 50 kV,30 mA,CCD 为–44 ℃)。此时一切正常继完成以下操作:①旋转照相,大致看看晶体是否有衍射点,"Smart"→"acquire"→"rotation"→"OK"(此时不需要改变 exposure time 30),衍射点分布得均匀,亮度越亮,强度越强,说明晶体较好;②定晶胞,"Smart"→"acquire"→"matrix"→"Yes",在出现的菜单中修改 second/frams 为"5"(与 5s 暗电流一致)→"OK",此时三个维度进行拍照,可得到晶体晶胞参数 α、β、γ 及 a、b、c、V,判断晶系;③记录晶体的晶胞参数 α、β、γ 及 a、b、c、V 和晶系;④选择半球式测量,"Smart"→"acquire"→"EditHeml",修改 time 成"5:00"(5 s 暗电流),"Smart"→"acquire"→"Hemisphere"(半球旋转曝光搜索),输入文件名 Job name:XXX。确定后已近自动进入扫描状态。

15.3.3 实验数据与结果

1. 数据处理

由 CCD 收集到的一个衍射画面的文件所包含的数据量可达几到几十北,而一套衍射数据通常包括几十、几百甚至上千个衍射画面文件,因此,衍射数据的还原(晶胞测定、衍射点的指标化、衍射强度的积分等)、结构的解析和表达,需要借助功能强大的计算机和软件的支持。实验中共收集衍射点 2260 个。氢原子位置按理论模型计算,对全部非氢原子坐标及其各向同性温度因子用全矩阵最小二乘法修正,晶体结构的解析使用 SHELXL-97 程序。[78]

2. 结果分析

通过程序解析,可以发现在化合物 2-(甲苯-4-磺酰胺基)-苯甲酸的晶体结构当中,N—H 基团和羧基基团都参与了分子间氢键的形成和相互作用,如图 15.2 所示。分子内 N(1)—H(1)—⋯—O(3)氢键的相互作用使分子产生了平面扭转。每两个分子间通过 O(4)—H(4)—⋯—O(3)$_i$ 氢键[对称操作码:(i)$-x+1, -y, -z+2$)]相互连接,形成具有 $R_2^2(8)$ 结构的中心对称的二聚体。临近的二聚体则由 C(6)—H(6)—⋯—O(2)$_{ii}$[对称操作码:(ii)$x, -y, z+0.5$)]弱氢键作用相互关联,沿平行于 c 轴方向形成梯形链。C(12)—H(12)—⋯—O(1)$_{iii}$[symmetry codes:(iii)$x, y+1, z$)]氢键则连接相邻的两个梯形链,沿着 ac 平面无限重复,加上由两个羧基苯环间的心对心 π-π 堆积相互作用(苯环中间间距 0.3980 nm),如图 15.3 所示,进一步形成稳定的超分子结构。

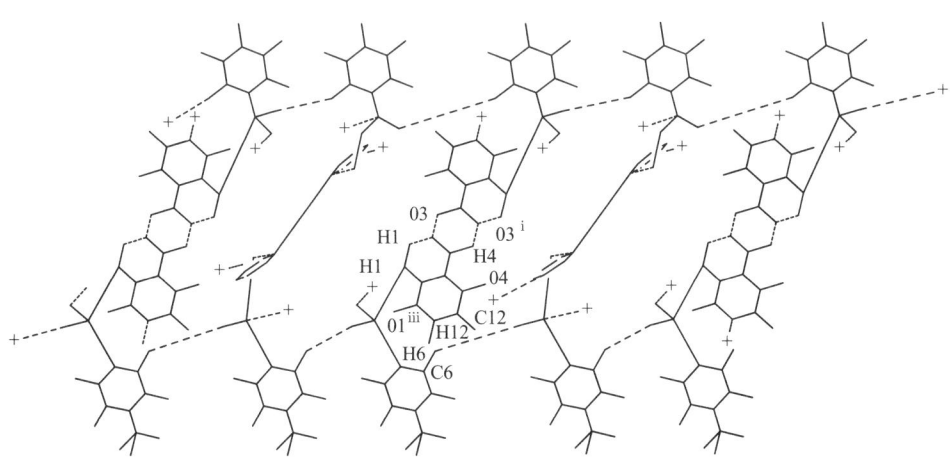

图 15.2　2-(甲苯-4-磺酰胺基)-苯甲酸化合物中氢键的作用

(氢键部分由虚线标识)

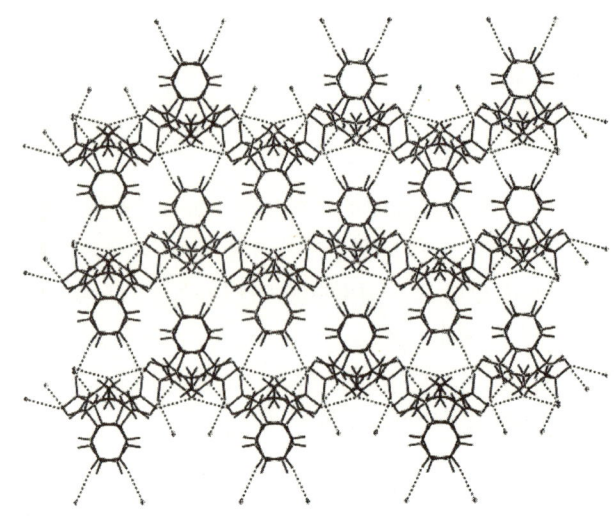

图 15.3　2-(甲苯-4-磺酰胺基)-苯甲酸化合物中由氢键和 $\pi\text{-}\pi$ 堆积作用形成的三维超分子堆积图

（氢键部分由虚线标识）

15.3.4　实验关键与讨论

  光源所带的准直器的内径决定了 X 射线强度一致区域的大小，挑选待测晶体的尺寸一般不能超过准直器的内径（一般为 0.5~0.6 mm）。对于 CCD，晶体合适的尺寸是：纯有机物 0.2~0.5 mm，金属配合物和金属有机物 0.15~0.4 mm，纯无机物 0.08~0.3 mm。晶体切割时要用惰性油或凡士林，防止飞溅。如果晶体容易氧化可以在晶体上包上一层胶进行保护。

  仪器一段时间没有开机使用，在启动时需要检查计算机的联机状态，进行光管老化操作：选择机器的故障诊断软件 D8 Tools；点击在线状况"Online Status"这时所有项目的指示灯为安全色——绿色（若不是需先进行检测）；点击（左下角标志）"Online Refresh On/Off"快捷键，出现下拉菜单；点击下拉菜单中的 X 射线发生器"X-ray Generator"可以看到初始电压 20 kV，电源 5 mA，同时点击窗口上方主菜单中的效用"utilities"；点击"X-ray"；点击电压管条件"Tube Conditioning On/Off"则开始升高压至 50 kV，5 mA 的状态，等电压自然回落到 20 kV 时，可以将 D8 Tools 的窗口关闭，这一过程需 40 min。

  待仪器检测完毕，数据不好时，需要再次打开 Image 程序，观察晶体是否对心，从而排除因晶体的自然滑落而造成的数据不准确。[79, 80]

第16章

激光拉曼光谱仪及其研究性案例

16.1 激光拉曼光谱仪的基本原理

20世纪60年代激光的出现,极大地推动了拉曼光谱学(Raman spectroscopy)的发展,使其成为研究分子、晶格振动最直接、有效、简便的工具之一。目前,拉曼光谱在材料学、化学、物理学、生命科学、医药学、地质学等各种学科以及宝石鉴定、司法科学领域均有广泛应用。当一束激光照射样品,会发生散射现象,与入射光相比,若散射光频率发生偏移,则称之为拉曼散射。当入射光子(hv_0)把处于基态能级(E_0)的分子激发到激发虚态($E_0 + hv_0$),由于分子处于这种激发虚态能级下不稳定,返回到比E_0高的振动激发态(E_1),释放出的光子能量比入射光子能量减少了E_1-E_0,这种散射光为斯托克斯线;反之,当入射光把处于振动激发态(E_1)的分子激发到激发虚态,再返回到基态(E_0),释放出的光子比入射光子能量增加了E_1-E_0,这种散射光被称为反斯托克斯线。根据玻尔兹曼方程,常温下处于基态(E_0)的分子数比处于激发态(E_1)的分子数多,因此,通常情况下,斯托克斯线的强度大于反斯托克斯线的强度。斯托克斯线(或反斯托克斯线)与入射光子的频率差称为拉曼位移,反映了分子(晶格)振动的能量,因此,通过检测拉曼位移就可以获得分子(晶格)振动的信息,从而可以确定被检测样品的结构。[81]

16.2 Renishaw inVia 激光拉曼光谱仪简介

如图16.1所示,Renishaw inVia 激光拉曼光谱仪利用聚焦激光束辐照样品产生拉曼散射光,经过精密的光学系统虑光、分光后,由先进的CCD探测器接收信

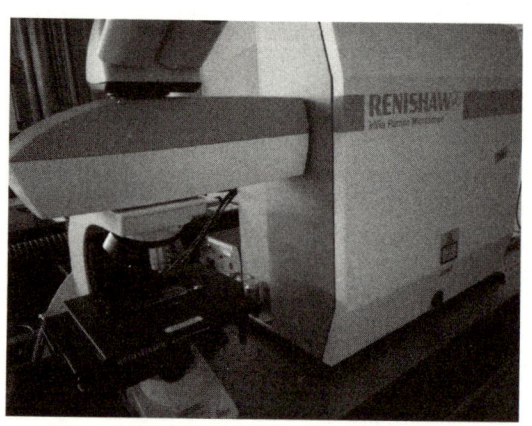

图16.1 Renishaw inVia 激光拉曼光谱仪

号，形成光谱。该光谱仪包括多波长激光光源、高分辨率光栅、研究级显微镜系统、高精度电动载物台、软件以及数据库系统和计算机控制系统。该系统突出特点是高光谱分辨率、高灵敏度和重复性；共焦显微功能和高精度的载物台保证了高空间分辨率。除了常用的光学显微系统，该拉曼系统还与扫描电子显微镜联用，可以在扫描电子显微镜中寻找样品进行原位测试。

【技术参数】

（1）包含 4 路激光（488 nm、532 nm、633 nm 和 785 nm），各波长采用独立的激发入射光路，保证具有更高通光效率。每个波长均配有扩束器，使光斑尺寸连续可调，从而可以连续调节辐照到样品上的激光功率密度。数控激光多级衰减片可以较大范围内调整激光功率。

（2）采用单级光谱仪，焦距在 240 mm 以上，通光效率大于 30%。

（3）高灵敏度：硅三阶峰（约在 1440 cm^{-1}）的信噪比好于 30∶1。

（4）光谱范围：200～1050 nm。

（5）光谱分辨率：优于 1 cm^{-1}。

（6）光谱重复性：不超过 ±0.02 cm^{-1}。

（7）操作简便，可全自动切换光路（包括激光器、滤光片、光栅、镜片组等）。

（8）空间分辨率：在 ×100 倍镜头下，横向分辨率不超过 0.5 μm，光轴方向纵向分辨率不超过 2 μm。

（9）自动载物台：$X \geqslant 100$ mm，$Y \geqslant 70$ mm，最小步长为 100 nm。可方便进行点、线、面扫描和共焦深度的扫描成像。

16.3 Renishaw inVia 激光拉曼光谱仪在二维材料研究中的应用

16.3.1 研究背景与意义

自从 2004 年石墨烯发现以来，二维材料引起了各国科学家的研究兴趣，二维材料相关科研论文发表数量逐年上升。这些原子层厚度的二维材料由于其特殊结构，使其具有众多传统材料无法比拟的物理、化学性能，在微纳电子/光电子器件、生物/化学传感、催化等领域有巨大的潜在应用前景。材料的结构决定性质以及最后的应用，所以材料的结构表征显得尤为重要。拉曼光谱是表征二维材料结构最简单、直接、高效的方法之一，在该领域应用非常广泛。利用拉曼光谱仪的光学显微镜很容易就能找到需要测试的二维材料，并通过光学对比度初步判断其层数，再利用拉曼光谱对微区进行点、线、面扫描，以确定材料层数、厚度等信息。另外，当入射激光能量密度增大时，微区有可能产生热效应，因此，利用不同能量的激光激发样品,可以研究热效应对二维材料结构的影响。从材料的角度考虑,如果将二维材料直接通过化学气相沉积法(chemical vapor deposition,CVD)制备在高介电常数衬底上,那么将有利于制备性能优异的电子/光电子器件(如场效应晶体管)。课题组在镀有高 K 二氧化铪薄膜的硅衬底上制备了原子层厚度的二硫化钼(MoS_2)晶体,用拉曼光谱对其进行了表征。

16.3.2 实验准备与过程

1. 样品准备

利用原子层沉积技术(atomic layer deposition,ALD)在硅片(SiO_2/Si 和 Si)表面沉积合适厚度的二氧化铪。采用双温区管式炉,利用 CVD 法在镀有二氧化铪的硅片上制备二硫化钼。适量三氧化钼粉末放入石墨坩埚,置于气流下游温区,衬底正面(二氧化铪)朝下放在三氧化钼上方。氩气作为保护气体,先排除管子气体后,保持合适流量。将该气流下游和上游温区升温至合适温度,把硫粉从温区外推入气流上游温区,开始气相反应生长,经过合适的生长时间,关闭炉子,冷却至室温,取出样品,待测。

2. 仪器准备

打开主机电源、计算机电源。打开软件 WiRE 3.4,系统出现自检画面,选择"Reference All Motors"并确定"OK"。打开激光器,其中 488 nm 和 633 nm 气体激光器,需要预热 10 min。测试前,通常需要利用硅的 520 cm^{-1} 特征峰进行校准,过程如下:把表面干净的硅片置于载玻片上,载玻片放在自动载物台上,先用小倍数物镜(5×)聚焦硅片表面,再用大倍数物镜(50×或100×)找到局部干净区域,把所用激光聚焦到硅片表面;主菜单"Measurement"→"New"→"New Acquisition",设置测试参数,包括激光能量、波长范围、时间等,进行测试。把获得的拉曼光谱的 520 cm^{-1} 附近的峰进行拟合(光谱画面上点击右键,执行弹出菜单中的"Curve fit"命令),读取峰中心位置与 520 cm^{-1} 进行对比,利用其差值对仪器进行校准(执行主菜单"Tools"→"Calibration"→"Offset")。重新取谱,拟合后的峰位置若偏离 520cm^{-1} 超过±0.5cm^{-1},重新校准。校准后的仪器可以进行样品测试。

3. 检测流程

拉曼光谱测试一般包括放置样品、聚焦样品、设置实验参数、获取光谱、数据处理 5 个步骤。拉曼光谱仪有静态和动态两种测试模式。静态模式测试所需时间短,但测试波段范围相对狭小;动态模式测试所需时间长,测试范围可以任意选择。对于已知拉曼位移所在范围且信号强的样品,通常用静态模式测试;二维材料通常具有很强的拉曼信号,所以可以采用静态模式测试。

用静态模式测试时,通过设置中心位置,可以获得所需要的拉曼位移波段。

光谱仪校准后，把二硫化钼样品放在载物台的载玻片上，从小倍数物镜开始聚焦放大到测试用的大倍数物镜，找到所需测试的局部区域，把激光聚焦到二硫化钼样品上（调整光斑尺寸至最小）。选用较小功率（0.5%）532 nm 激光，以 520 cm^{-1} 为中心位置，选择合适的测试时间（1s）。

面扫描（mapping）测试，首先需要测试人员选择扫描区域以及扫描步长（X 轴、Y 轴），之后还要设置每一个点测试所需的参数。面扫描模式获得的数据是每一个扫描点的 X、Y 轴位置以及相应的拉曼光谱（Z 轴）。需要对数据进行处理，才能获得以拉曼峰强度、峰位置等参数的面扫描图。面扫描操作流程："New measurement/Map image acquisition"，弹出 "Map image area selection" 选框，根据需要选择不同形状的区域进行扫描，如 "Rectangle filled"，在视野屏幕中拉出一个方框，调整好大小后，点击 "OK" 确定；接着弹出 "Spectral acquisition setup" 选框，在 "Range" 页面选择 "Static" 或 "Extended" 模式，在 "Acquisition" 页面，选择合适激光能量（Laser power/%）和时间。参数设置好后，点击 "Run"，开始运行。

16.3.3 实验数据与结果

1. 数据处理

某一个点测到的拉曼光谱，可以保存为 TXT 数据文件，导入 Origin 数据处理软件，就可以做出拉曼光谱图。对于面扫描测试结果，需要利用 Wire 3.4 软件进行数据处理。首先要把二硫化钼的两个特征峰进行拟合，拟合结果保存为另一个数据文件，把这个文件导入软件，就可以出峰强度面扫描图，流程如下：

扫面结束后，首先保存面扫描数据，点击键盘上页 "PgUp" 和下页 "PgDn" 查看谱图，选择一条代表性谱线进行特征峰拟合。点击 "Curve Fit"，弹出 "Curve Fit" 界面，鼠标左键点击峰的顶点，然后点击鼠标右键，选择 "Properties" 弹出 "Curve Fit" 属性界面，设置好参数并确定。返回最初拟合的 "Curve Fit" 界面，点击鼠标右键，选择 "Start fit"，曲线进行了拟合，再次点击鼠标右键，选择 "Curve Parameter/Save"，保存拟合的数据。选择菜单 "Analysis/Mapping Review"，弹出 "Map selection"，下拉选择要作图的类型，如 "Peak Intensity"，再点击 "Creat Curve Fit/Collected Data/Load Curves"，导入已保存的拟合数据并确定。在 "Navigator" 界面中，选择菜单 "Data/Derived Data/Peak Intensity"，点击右键，"Load Dataset"，即呈现出面扫描图。利用 "LUT Control" 界面可设置颜色及对比度，保存图片。

2. 结果分析

二硫化钼有面内振动（E^1_{2g}）和面外振动（A_{1g}）两种特征振动模式，这两个振动模式随厚度变化而变化。通过拉曼光谱就可以确定二硫化钼的厚度，尤其可以判断是否为单层。当 A_{1g} 和 E_{2g}^1 峰位移差小于 $20\ cm^{-1}$ 时，通常为单层二硫化钼。从拉曼光谱（图 16.2（b））可以看出，衬底对拉曼信号有重要影响。没有二氧化硅层（HfO_2/Si）和较厚二氧化铪层（$50\ nm\ HfO_2/SiO_2/Si$）的衬底表面的二硫化钼拉曼信号很弱，而含有二氧化硅层且较薄二氧化铪层（$20\ nm\ HfO_2/Si$）衬底表面的二硫化钼拉曼信号相对强得多。由图可知，E_{2g}^1 和 A_{1g} 峰中心位置分别处于 $385.6\ cm^{-1}$ 和 $405.4\ cm^{-1}$，两者位移差为 $19.8\ cm^{-1}$，与文献报道的 CVD 生长的单层二硫化钼相符。为了探究二硫化钼的均匀性，对其中一个三角状二硫化钼进行拉曼面扫描测试。图 16.2（c）和（d）分别为 A_{1g} 和 E_{2g}^1 振动模的强度面扫描图。由图可知，该拉曼峰强度分布均匀，表明二硫化钼均匀且具有较高的晶体质量。通过拉曼光谱测试，可以方便、快捷地获得 CVD 生长的二硫化钼原子晶体的结构、厚度和结晶质量等信息。

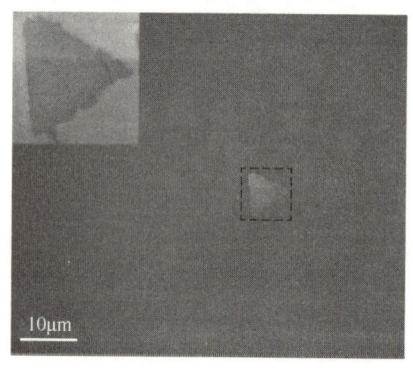

(a) 二硫化钼的光学显微镜和扫描电子显微镜照片

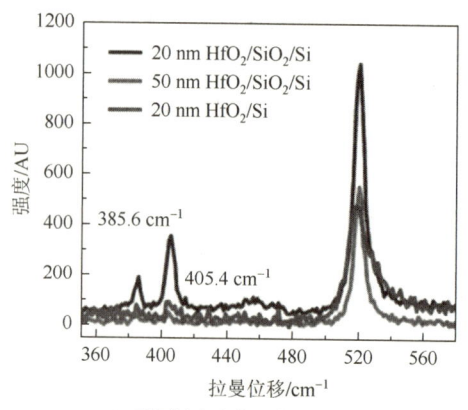

(b) 不同衬底上的二硫化钼的拉曼光谱

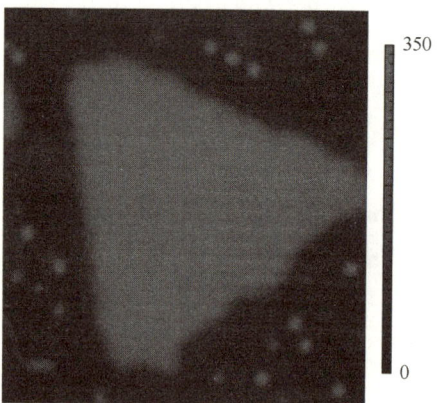

(c) 二硫化钼的 A_{1g} 振动模的强度面扫描图

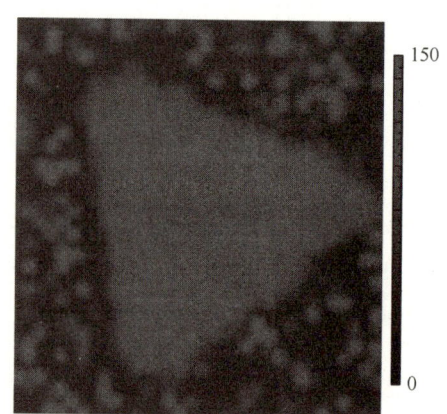

(d) 二硫化钼的 E_{2g}^1 振动模的强度面扫描图

图 16.2　二硫化钼振动模式

16.3.4　实验关键与讨论

测试过程中需要选择合适波长的激光,因样品不同而不同。就以上案例来说,若选择光子能量相对较大的激光,如 532 nm 和 488 nm,均可以获得较强信号的拉曼光谱;若选择长波长(785 nm)激光激发,拉曼光谱信号可能相对弱得多。但是,对于某些荧光信号很强而且会覆盖其拉曼信号的样品来说,选择相对较长波长,有利于规避强荧光信号以获得理想的拉曼光谱。这些具有强荧光的样品,如何获得其拉曼光谱是一个难点。拉曼光谱对于温度较敏感,所以拉曼光谱仪所处环境需要恒温。此外,为了避免热效应和破坏样品,测试过程中尽量选择较小能量的入射激光,这对于超薄的样品(如二维材料)尤为重要。拉曼光谱仪所处环境要求有较低的湿度,否则将影响光学镜片和某些关键部件的使用寿命。

对于精密仪器,日常维护很重要,可以提高其测试精度、效率,并延长其使用寿命。该拉曼光谱仪开机顺序为主机、控制电脑、软件、激光;关机顺序刚好相反。要获得好的拉曼光谱,仪器光路必须调整到最佳状态。可以通过调试右下、左下反射镜确保激光光路在最佳状态,并在软件的 System configuration 窗口调整信号光路,包括 CCD、狭缝位置及宽度。做到每日测试前用硅片校准谱线,间隔合适时间调整激光光路和信号光路,可以保证仪器处在最优状态。[82]

第17章

荧光分光光度计及其研究性案例

17.1 荧光分光光度计的基本原理

荧光分光光度计（fluorescence spectrophotometer）是用于扫描液相荧光标记物所发出的荧光光谱的一种仪器。它能提供激发光谱、发射光谱以及荧光强度、量子产率、荧光寿命、荧光偏振等许多物理参数，从各个角度反映分子的成键和结构情况。常温下，处于基态的分子吸收激发光之后，变迁为激发状态。此激发能源的一部分由振动能源等要素而丢失，往振动单位低的位置无辐射变迁，从该位置返回到基态时发出的光就是荧光。由于被物质吸收的一部分光能以振动以外的能源丢失，因此，从物质发出来的荧光的波长长于其发光的波长（斯托克斯法则）。荧光光谱法具有灵敏度高、选择性强、用样量少、方法简便、工作曲线线形范围宽等优点，可以广泛应用于生命科学、医学、药学和药理学、材料、有机及无机化学等领域。[83, 84]

17.2 日立 F-2700 荧光分光光度计简介

如图 17.1 所示，日立 F-2700 荧光分光光度计自带操作面板，可以标准化安装、独立运行，从而省去个人电脑所用空间。荧光分光光度计灵敏度较高（RMS 信噪比优于 800），动态范围宽约 6 个数量级（具有零值校正），因此低浓度和少量样品均可以进行有效的分析。满足基本的波长扫描、时间扫描、光度技法扫描和三维扫描。常规操作简单，若加以不同的功能配件，能实现对粉末或片状固体、常温或变温条件下的液体物质的检测。

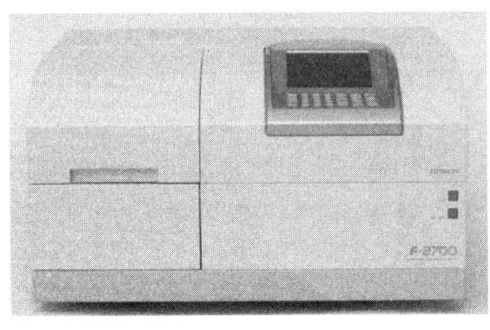

图 17.1 日立 F-2700 荧光分光光度计

【技术指标】
(1) 独立运行或 PC 操作模式；
(2) 光源：150 W 氙灯（自动除臭氧）；
(3) 灵敏度：RMS 信噪比优于 800（狭缝 5 nm，响应 2 s）；

(4) 带宽：2.5 nm、5 nm、10 nm、20 nm（激发波长和发射波长）；

(5) 波长扫描速度：60～3000 nm（独立面板控制时），12000 nm（电脑控制时）。

17.3 日立 F-2700 荧光分光光度计在测定小分子化合物分子间弱作用力中的应用

17.3.1 研究背景与意义

药物小分子与 DNA 之间的作用机制是过去几十年间风靡的话题。基因组的实用性使得将 DNA 作为药物靶标的研究非常有吸引力。研究药物小与 DNA 之间的相互作用机制能够设计出新型有效的 DNA 靶向药物。由于药物都具有电化学活性，它们与双链 DNA 的相互作用可应用于电分析。DNA 与配合物结合导致 DNA 构型转变，影响 DNA 双螺旋解旋复制、转录和修复。因此，筛选出以 DNA 为靶向目标的药物至关重要。

荧光光谱法是研究抗癌药物与大分子之间相互作用的新兴技术，该方法的灵敏度高。药物与 DNA 的结合机制由荧光发射光谱检测。溴化乙锭（EB）作为荧光探针，其自身的荧光性并不强，但与 DNA 结合会显著增强整个 DNA-EB 系统的荧光性。将药物加入该体系后，由于药物与 DNA 更易结合，会出现药物抢夺 EB 与 DNA 结合位点的情况，最终使体系的荧光强度降低。而荧光淬灭就是指加入淬灭剂后荧光强度降低的过程，通过经典的斯顿—代尔莫公式来得到淬灭常数（K_{SV}）。课题组在研究芳烃钌抗癌药物的光谱性能时借助日立 F-2700 分光荧光光度计对其与 DNA 的结合机制进行了检测和报道。

17.3.2 实验准备与过程

1. 样品准备

在氮气的保护下将二聚体化合物[Ru（η^6-p-cymene）Cl_2]$_2$ 溶于 5 mL 无水甲醇中，得到红色溶液；保持氮气的保护作用，加入二倍当量的卤代氨基吡啶。升温加热，在 60 ℃下不断搅拌棕色红混合物 6～8 h，所得混合物在旋转蒸发器中缓慢冷凝至约 2 mL；待溶液冷却，过滤收集棕红色悬浮液，用乙醚洗涤，并在真空下干燥。这样就可以分别得到氟代、氯代、溴代三种卤代氨基吡啶芳烃钌（II）配合物 a/b/c，如图 17.2 所示。

2. 液体制样

卤代氨基吡啶芳烃钌（II）配合物 a/b/c 待测液的配制：称取一定量的配合物 a/b/c 溶解在已配制的 pH 为 7.3 的盐酸缓冲溶液中，定容至 50 mL，得到 10 mmol/L

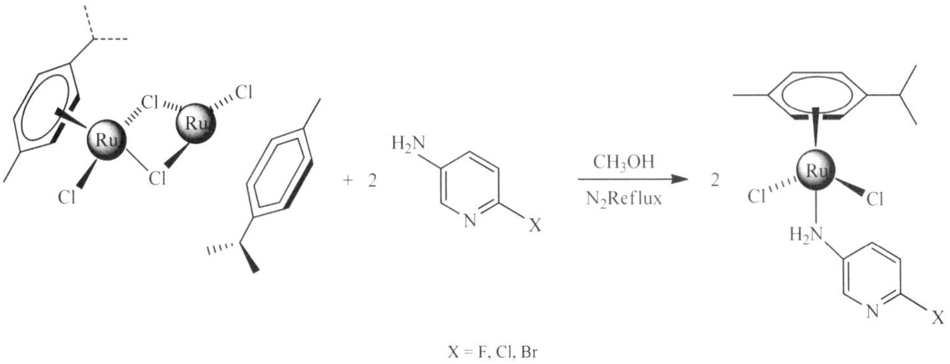

图 17.2　卤代氨基吡啶芳烃钌（Ⅱ）配合物 a/b/c 的合成路线

的目标溶液；量取 2 mL 配置好的 0.1 mmol/L 的 ct-DNA 溶液，加入 1 mL 0.04 mmol/L 的 EB 溶液；之后往上述溶液中加入不同体积的目标溶液，定容至 10 mL，配制成浓度不同的溶液（0～0.07 mmol/L）。将待测溶液注入荧光分光光度计测试专用的石英比色皿中，等待测试。

3. 仪器准备

首先接通电脑电源，Windpws 7 操作界面开始建立。然后接通光度计左侧电源开关"POWER"，约 5 s 后主机右上方绿色氙灯点亮，表示氙灯已经启辉工作。点击电脑屏幕上"FL Solutions"荧光分析快捷框，进入仪器操作界面。

4. 检测流程

按照实际的实验要求进行设定：点击快捷栏"Method"后，显示分析方法"Analysis Method"的 5 个重叠界面，分别为"常规"（General）、"仪器条件"（Instrument），"模拟画面"（Monitor）、"处理"（Processing）、"报告"（Report）。在常规中的测量方式"Measurement"设置中选择波长扫描"Wavelength"；在仪器条件中设置扫描速度"*Scan speed"延迟时间"Delay"、激发单元狭缝"EX Slit"、发射单元狭缝"EM Slit"、光电管负高压"PMT Voltage"、响应速度"Response"、重复次数"*Replicates"、循环间隔"Cycle time"。关键是在扫描方式"Scan mode"确定后输入激发或发射起始波长、终止波长来测定对应的发射和激发波长。完成各种参数设置后，将装有待测液体样品的比色皿放入比色皿座，点击"开始"进行波长扫描测定。

17.3.3　实验数据与结果

1. 数据处理

系统自带图谱处理功能"Processing"：平均化"CAT"可以实现对重复测定的图谱进行平均处理；处理方法的选择"Processing choices"中常常使用平均平滑"Mean Smooth"处理方法；阈值"Threshold"决定信号峰的舍取。灵敏度"Sensitivity"

可改变放大器的放大倍数，一般设置为"1"。另外，模拟监视"Monitor"中的重叠光谱图"Overlay"可将光谱图重叠在监视画面上但重复扫描不可设定。本组实验数据的最后选择打印数据的模式进行数据保存，并借助 Origin 软件进行进一步处理。

2. 结果分析

由于 DNA 在相邻 DNA 碱基对之间的强相互作用，EB 在 DNA 的存在下发出强烈的荧光。三种卤代氨基吡啶芳烃钌（II）配合物 a/b/c 与 DNA 作用后并没有产生荧光效应。以 EB 为探针，三种卤代氨基吡啶芳烃钌（II）配合物 a/b/c 与 ct-DNA 的相互作用如图 17.3 所示。当体系中没有加入卤代氨基吡啶芳烃钌（II）配合物 a/b/c 时，EB-DNA 体系荧光强度最大，随着卤代氨基吡啶芳烃钌（II）配合物 a/b/c 浓度的增加，体系荧光强度大体上呈现降低趋势，但降低程度不一，表明卤代氨基吡啶芳烃钌（II）配合物 a/b/c 无选择地取代了少部分 EB 使其游离出来，降低了体系的荧光强度。配合物 a 和 b 在荧光测量中表现出相似的性质，但化合物 c 表现出不同的特征，是由于 Br 原子的原子半径比较大。

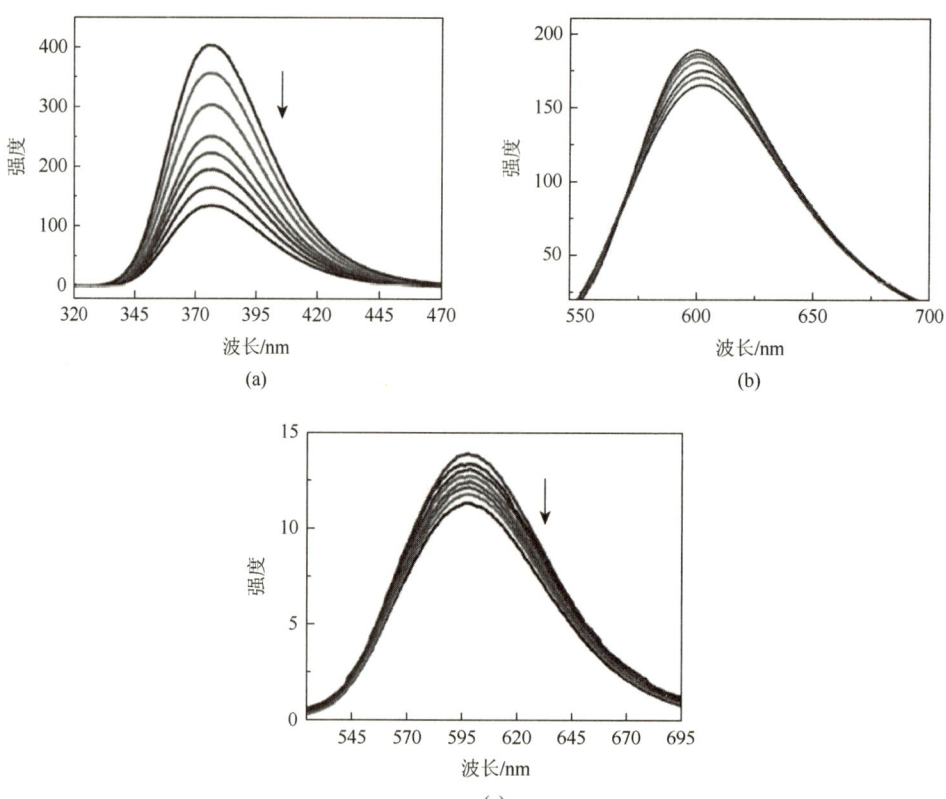

图 17.3 室温下 pH 为 7.3 的盐酸缓冲溶液中不同浓度的溴代氨基吡啶芳烃钌（II）配合物 a/b/c 在 EB 和 ct-DNA 体系中的荧光光谱图

17.3.4　实验关键与讨论

由于荧光分光光度计灵敏度高，比色皿的一点点污垢都有可能影响测量结果，使用后，应充分地擦净。尤其，绝不可以在比色皿中注入试样的状态下长时间放置。溶剂蒸发时，有可能试样粘贴到比色皿壁，无法擦掉。在测量浓度非常低的试样时，不仅是比色皿的内壁，而且外壁的污垢也会影响测量。比色皿中注入试样时，万一外壁粘上了溶液，需用面巾纸等擦净之后，再放入比色皿座。在试样室内洒了待测样时，必须要及时取出比色皿及其基座，彻底清洗试样室内部。

很多试样温度每升高 1 ℃，荧光强度减弱 1%～2%。而且，有关生化学的研究报告中，还有温度每升高 1 ℃，荧光强度减弱约 10%的事例。尤其是对于温度依赖性强的试样，尽量在恒温比色皿座（零件号 650—0150）中循环恒温水，进行恒温测量。

操作完毕时首先关闭仪器操作软件，退出操作系统，并关闭氙灯。为了让灯室充分散热，需要在保持主机通电 10 min 以上再关闭主机电源开关，确保仪器的安全。[85, 86]

第18章 AutoDock 4.0 软件及其研究性案例

18.1 AutoDock 4.0 软件的基本原理

在计算化学中任何对接计算都有两个相互矛盾的方面需要平衡：在尽可能精准的计算与有限的计算资源之间达到一个平衡。理想的步骤是通过搜索整个系统可能的自由度，在底物和目标蛋白的结合能中找到全局能量极小值。然而这样的工作只能在大型的工作站上实现，并且耗费和结构生物学家进行晶体结构修饰相当的时间。为了解决这一问题，很多对接软件简化了对接的步骤。AutoDock 4.0 通过两种方法的结合使用解决了以上问题：快速的基于格点能量的计算方法（rapid grid-based energy evaluation）和有效的扭转自由度搜索方法（efficient search of torisional freedom）。AutoDock 4.0 软件由 AutoGrid 4 和 AutoDock 4 两个程序组成，其中 AutoGrid 主要负责格点中相关能量的计算，而 AutoDock 则负责构象搜索及评价。[87-89]

18.2 AutoDock 4.0 软件简介

AutoDock 4.0 是一款开源的分子模拟软件，主要应用于执行配体-蛋白分子对接。它由美国斯克利普斯研究所的 Olson 实验室开发与维护。另外，其用户图形化界面（GUI）工具为 AutoDockTools（以下简称 ADT）。AutoDock 4.0 包含但不局限于以下应用：X 射线晶体学，基于结构的药物设计、先导化合物优化、虚拟筛选、组合库设计、蛋白-蛋白对接和化学机制研究等。开发这一程序的灵感源于设计生物活性化合物中遇到的问题，特别是计算机辅助药物设计领域。生物大分子的 X 射线衍射技术的进步提供了更多重要的蛋白和核酸分子的结构，这些结构可以作为生物活性物质的靶标，用于控制动、植物的疾病，可以使人们简单地理解活性物质在生物学方面的作用机理。准确地了解蛋白靶标和这些活性小分子之间的相互作用是十分重要的。因此，开发者的目标就是为科研工作者提供一个计算工具，帮助研究物大分子（蛋白质）与小分子（配体）复合物的相互作用。

AutoDock 4.0 所包含的 AutoDock 4 和 AutoGrid 4 程序是完全在命令符下操作的软件，没有用户图形化界面，但是如果使用 ADT 程序，就可以在几乎完全图形化的界面中完成分子对接以及结果分析等工作（图 18.1）。它的主界面主要包含以下几个部分：

（1）PMV 菜单：主要通过使用菜单命令对分子进行相关的操作，以及进行可视化设置；

（2）PMV 工具栏：PMV 菜单中一些常用命令的快捷按钮；

（3）ADT 菜单：AutoGrid 4 和 AutoDock 4 的图形化操作菜单；

（4）分子显示窗口：3D 模型分子的显示和操作窗口；

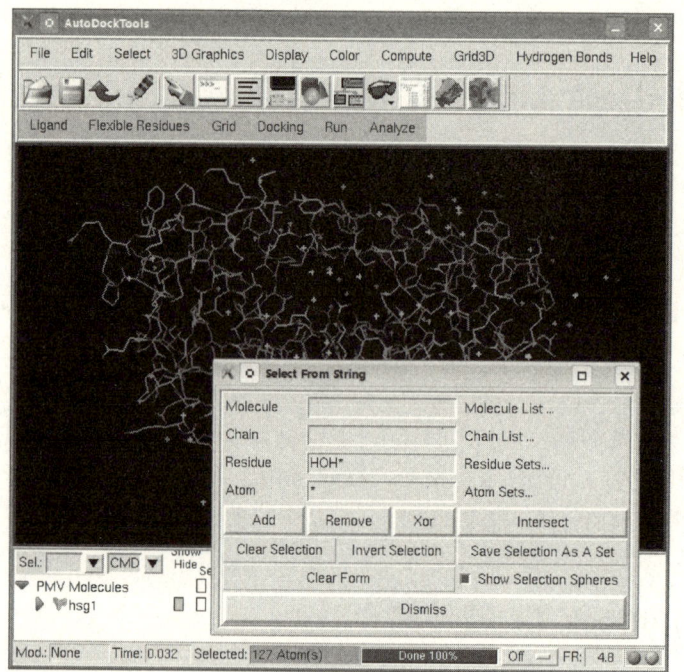

图 18.1　AutoDock 4.0 软件的可视化窗口

（5）仪表板窗口部件：快速查看及设置分子的显示模型以及着色方式；
（6）信息栏：显示相关操作信息。

18.3　AutoDock 4.0 软件在确定 5-氟尿嘧啶的衍生物与 DNA 分子构象中的应用

18.3.1　研究背景与意义

5-氟尿嘧啶（5-Fu）是近些年研究较多的抗癌药物之一，已成功应用于肠癌、胰腺癌、乳腺癌等实体癌的治疗，得益于它的代谢产物可以在细胞分裂时抑制胸苷酸合成酶，影响 DNA 和 RNA 的代谢，从而引发肿瘤细胞死亡。但代谢显著及亲脂性低、生物利用率低、对肿瘤的选择性低影响抗肿瘤疗效。为克服 5-Fu 临床应用时存在的恶心、呕吐、腹泻、脱发、体重减轻、白细胞与血小板下降等副作用，提高其对肿瘤的选择性，寻求 5-Fu 的前体药物，国内外对 5-Fu 进行了各种各样的修饰工作。例如，在 5-Fu 上引入氨基酸、短肽、葡萄糖、天然或合成的高分子化合物，合成了多种多样的 5-Fu 衍生物，并对其药理、毒理、代谢等进行了大量的研究。结果表明，将 5-Fu 适当衍生化可克服其吸收差的缺点，同时可提高选择性，降低毒副作用。在参考大量文献的情况下，(R/S)-2-苄基-2-(5-氟尿嘧啶-1-基)甲基甲酰基氨基乙酸被合成。

AutoDock 4.0 软件属于分子对接软件，所谓分子对接就是两个或多个分子之间通过几何匹配和能量匹配而相互识别的过程。分子对接在酶学研究以及药物设计中具有十分重要的意义。在酶激活剂、酶抑制剂与酶相互作用以及药物分子产生药理反应的过程中，小分子（通常意义上的 Ligand）与靶酶（通常意义上的 Receptor）相互结合，首先就需要两个分子充分接近，采取合适的取向，使两者在必要的部位相互契合，发生相互作用，继而通过适当的构象调整，得到一个稳定的复合物构象。通过分子对接确定复合物中两个分子正确的相对位置和取向，研究两个分子的构象，特别是底物构象在形成复合物过程中的变化，是确定酶激活剂、抑制剂作用机制以及药物作用机制，设计新药的基础。因此，为了进一步探究这两种 5-Fu 对映衍生物与 DNA 之间的结合位点和结合自由能，课题组在 AutoDock 4.0 软件的帮助下，理论模拟了(R/S)-2-苄基-2-(5-氟尿嘧啶-1-基)甲基甲酰基氨基乙酸与 DNA 的相互作用。

18.3.2　实验准备与过程

1. 配体准备

在 250mL 三口烧瓶中加入 3.76 g（20 mmol）5-氟尿嘧啶-1-基乙酸和 3.24 g（24 mmol）1-羟基苯并三氮唑，用 60 mL N,N-二甲基甲酰胺（DMF）溶解，降温至 0℃，缓慢滴加含有 6.18 g（30 mmol）N,N'-二环己基碳二亚胺的 DMF 溶液 20 mL，约 2 h 滴完。自然升至室温，反应 6 h，再加入 4.31 g(20 mmol)(R/S)-苯丙氨酸甲酯盐酸盐和 2.8 mL（20 mmol）三乙胺至上述溶液中，搅拌 5 h 后抽滤，减压蒸去溶剂 DMF，装柱，用石油醚/乙酸乙酯（体积比 1∶3）淋洗，蒸去溶剂，得到化合物(R/S)-2-苄基-2-(5-氟尿嘧啶-1-基)甲基甲酰基氨基乙酸甲酯。

将 1.74 g(5 mmol)(R/S)-2-苄基-2-(5-氟尿嘧啶-1-基)甲基甲酰基氨基乙酸甲酯溶于 15 mL NaOH（2 mol/L）的水溶液中，室温下搅拌直到完全水解后（用 TLC 跟踪反应），用浓盐酸调节 pH 至 4~5，部分溶剂挥发后，得到的固体用丙酮和乙醇重结晶，然后用 10 mL 乙酸乙酯洗涤产品三次，得化合物(R/S)-2-苄基-2-(5-氟尿嘧啶-1-基)甲基甲酰基氨基乙酸，再用 N,N-二甲基甲酰胺和水重结晶得到无色针状晶体。

2. 受体获取

在蛋白质数据库中下载双链 DNA（PDB ID 2dyw）的结构，碱基序列为 CGCGAATTCGCG：GCGCTTAAGCGC。

3. 配体和受体处理

根据 AutoDock 4.0 软件的操作流程，在最优条件下，配体与 DNA 的晶格被定为 80×60×110，格点间隔为默认值 0.375 Å。

4. DNA 修饰电极的制备

上述处理好的金电极经高纯水洗净后，在电极表面分别滴加 1 滴 100μmol/L 的 CT-DNA 溶液，置于干燥器过夜后用超纯水浸 4 h，除去物理吸附的 CT-DNA，获得实验所需的 CT-DNA 修饰金电极，记为 CT-DNA/Au。

5. 检测流程

按照实际要求运用 ADT、VMD 以及 PyMol 之类的常用分子显示及编辑软件来将"***.pdb"文件中的蛋白质受体和小分子配体分离开来，保存成两个单独的受体（Receptor）及配体（Ligand）结构文件（受体文件"1.pdb"和配体文件"2.pdb"）以备后续操作。新建工作文件夹"123"，将编译好的"autogrid4, autodock4"程序以及"1.pdb""2.pdb"两个 PDB 文件拷贝到此文件夹下。打开主界面，切换目录到该文件夹下，运行 ADT，这样 ADT 的默认路径就是"123"文件夹，此后所有输入/输出文件的默认路径都是"123"。利用 ADT 菜单和 PMV 菜单读出 Receptor 分子文件、Ligand 分子文件、柔性残基文件、大分子文件和 Dock 参数文件。

接下来运行 AutoGrid 4。"ADT"菜单："Run"→"Run AutoGrid"…→启动 AutoGrid 图形界面，点击程序路径及名称"Program Pathname"后的"Browse"按钮，选择之前放入"1HSG"文件夹的"autogrid4"程序，"Parameter File"（参数文件，上一步骤准备好的 AutoGrid 4 参数文件）以及 Log File（程序运行记录文件）程序一般情况都能自动设置好，如需修改点击相应的"Browse"按钮选择正确的文件即可。点击"Launch"按钮，运行程序进行计算，同时弹出 AutoDock 进程管理器"AutoDock Process Manager"，显示进程编号、运行时间及状态，还可以随时 Kill 该 AutoGrid 4 进程，运行完毕后该对话框会自动关闭。AutoGrid 4 程序运行完毕后，除了生成一个"1.glg"记录文件外，最主要的是生成一系列针对不同原子探针的范德瓦尔斯作用力、静电力以及去溶剂化作用力的 Map 文件。

运行 AutoDock 4 与运行 AutoGrid 4 非常相似。"ADT"菜单："Run"→"Run AutoDock"…→启动运行 AutoDock 图形界面。点击"Program Pathname"后的"Browse"按钮，选择之前放置在"1HSG"目录中的 AutoDock 4 程序，"Parameter File"以及"Log File"程序一般情况都能自动设置好，如需修改点击相应的"Browse"按钮选择正确的文件即可。点击"Launch"按钮，与运行 AutoGrid 4 相似，运行程序进行计算，同时弹出过程管理器，显示进程编号、运行时间及状态，还可以随时 Kill 该 AutoDock 4 进程，运行完毕后该对话框会自动关闭。AutoDock4 运行完毕后，程序运行记录以及最终的结果都被保存在"2.dlg"文件中。

18.3.3 实验数据与结果

1. 数据处理

读取对接记录文件（*.DLG）："ADT"菜单中"Analyze-Dockings-Open"打开对接记录文件"2.dlg"，弹出信息窗口，显示此日志文件中包含10个对接结果的分子构象及其数据，这与之前设置的对接参数是一致的。

观察对接好的分子构象时选择"ADT"菜单中的"Analyze-conformations-Load"将对接结果及分子构象载入到图形窗口中。在弹出的"ind Conformation Chooser"对话框中单击列表中的相应分子构象编号后，上部显示窗口即可显示此分子构象的对接数据。若双击，则可以将该分子构象载入到分子显示窗口中，以便图像保存。

2. 结果分析

经过分析对接模拟结果得知，(R)-2-苄基-2-(5-氟尿嘧啶-1-基)甲基甲酰基氨基乙酸与DNA分子之间形成了一个氢键((N(10)H—…—O(2)：2.66078Å，N来源于DNA中第十一号胸腺嘧啶)，结合自由能为-2.601×10^4 J/mol^{-1}（图18.2）。同样地，(S)-2-苄基-2-(5-氟尿嘧啶-1-基)甲基甲酰基氨基乙酸与DNA分子之间形成了一个氢键(N(11)—H—…—O(4)：2.85207 Å，N来源于DNA中第六号腺嘌呤)，结合自由能为-1.993×10^4 J/mol（图18.3）。

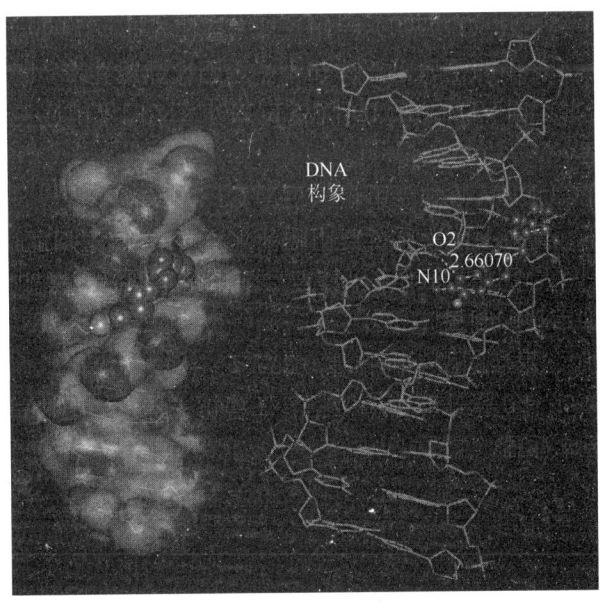

图18.2　(R)-2-苄基-2-(5-氟尿嘧啶-1-基)甲基甲酰基氨基乙酸与DNA对接结果

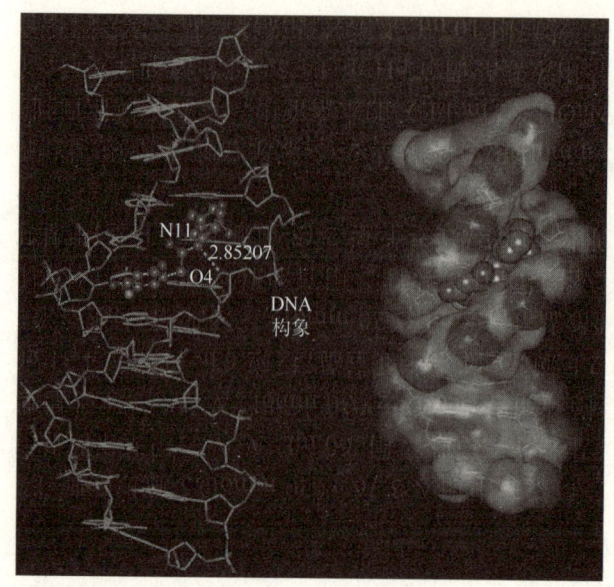

图 18.3 (S)-2-苄基-2-(5-氟尿嘧啶-1-基)甲基甲酰基氨基乙酸与 DNA 对接结果

18.3.4 实验关键与讨论

程序在运行时必须注意及时保存，以免断电等因素引起数据丢失。在数据处理中，可以使用"ADT"菜单中的"Analyze-conformations-Play"弹出"ind"播放控制对话框，显示并播放对接分子构象。这样可以通过不同的前进/后退按钮选择不同的分子构象，还可以将所有对接构象按动画方式播放，便于仔细观察。[90,91]

参 考 文 献

[1] 沈彦. 氧化石墨烯材料的制备及其光学性质研究[D]. 上海：复旦大学，2012：1.
[2] 张博尧. 锌基底上制备双疏表面的研究[D]. 青岛：青岛理工大学，2013：1.
[3] 张杰，黄一平. 傅立叶变换红外光谱法在高聚物研究中的应用[J]. 广东化工，2006，33（2）：56-57.
[4] 彭峰. 纳米 SiO_2-硅氧烷溶胶凝胶杂化水性聚氨酯合成与性能研究[D]. 温州：温州大学，2011：1.
[5] ZHAI L L, LIU R W, PENG F, et al. Synthesis and Characterization of Nanosilica/Waterborne Polyurethane End-Capped by Alkoxysilane via a Sol-Gel Process[J]. Journal of Applied Polymer Science，2013，128（3）：1715-1724.
[6] 朱岩. 离子色谱仪器[M]. 北京：化学工业出版社，2007：1.
[7] 陈天蕾. 香河和太湖大气气溶胶化学成分与硫同位素组成特征研究[D]. 南京：南京信息工程大学，2011：1.
[8] ZHANG W M, ZHUANG J X, CHEN Q, et al. Cost-Effective Production of Pure Al13 from AlCl3 by Electrolysis[J]. Industrial & Engineering Chemistry Research，2012，51（51）：11201-11206.
[9] 尧志凌. 碱土金属硫化物纳米晶的制备及其性质的研究[D]. 上海：上海师范大学，2015：1.
[10] 谢忠信，赵宗铃，张玉斌，等. X 射线光谱分析[M]. 北京：科学出版社，1982：1.
[11] 赵宗彦. X 射线与物质结构[M]. 合肥：安徽大学出版社，2004：1.
[12] 姜传海，杨传铮. X 射线衍射技术及其应用[M]. 上海：华东理工大学出版社，2010：1.
[13] 周上祺. X 射线衍射分析[M]. 重庆：重庆大学出版社，1991：1.
[14] 黄继武，李周. 多晶材料 X 射线衍射：实验原理、方法与应用[M]. 北京：冶金工业出版社，2012：1.
[15] 张海军，贾全利，董林. 粉末多晶 X 射线衍射技术原理及应用[M]. 郑州：郑州大学出版社，2011：1.
[16] 王耀. Me3La7-硅酸盐氧基磷灰石荧光体的合成与性能研究[D]. 温州：温州大学，2016：1.
[17] 高晓丽. 混合价态铈激活 Me2La8-氧基磷灰石硅酸盐荧光体的光谱调变[D]. 温州：温州大学，2017：1.
[18] LU X, LIU H, YANG X, et al. A Single-phase White-emitting La10（SiO4）6O3：Eu2+/Eu3+ Phosphor for Near-UV LED-based Application[J]. Ceramics International，2017，43（15）：11686-11691.
[19] 鞠毅，夏桂荣，车燕妮，等. 高效液相色谱仪基本原理、应用及常见故障[J]. 中国医疗设备，2004，19（8）：69-70.
[20] 郑湘伟. 含铬型钒钛磁铁矿直接还原—电炉熔分工艺基础研究[D]. 重庆：重庆大学，2015：1.
[21] 殷昭婷. 高效液相色谱法测定水体中的有机磷农药[D]. 沈阳：东北大学，2015：1.
[22] 史梦婷. 霍乱弧菌 DsbC 蛋白功能的研究[D]. 杭州：浙江农林大学，2017：1.

[23] 昝川南，叶梁银. 浅析高效液相色谱分析法在各领域的应用及发展前景[J]. 化学工程与装备，2013（2）：158-161.

[24] 蒋海波. 高效液相色谱系统的日常维护及注意事项[J]. 产业与科技论坛，2011，10（23）：88-89.

[25] PAN S，HE J，WANG C，et al. Exfoliation of Two-dimensional Phosphorene Sheets with Enhanced Photocatalytic Activity under Simulated Sunlight[J]. Materials Letters，2018，212：311-314.

[26] 梁志宝. 煤系高岭土的改性试验研究[J]. 中国非金属矿工业导刊，2013，（6）：22-24.

[27] 余磊，彭少华，舒婕. 全自动比表面仪测试及维护常见问题探讨[J]. 分析仪器，2017，（2）：98-100.

[28] 冯电稳. NiTi 合金微弧氧化陶瓷膜层的研究[D]. 天津：天津理工大学，2015：1.

[29] 苏占华. 金属配合物修饰多钼酸盐的合成与晶体结构及性能[D]. 哈尔滨：哈尔滨工业大学，2009：1.

[30] 许蓬. 基于 DPP 聚合物电致变色材料的合成及其器件性能研究[D]. 太原：太原理工大学博士论文，2017：1.

[31] 艾青，衣守志，焦斌，等. 水溶性带锈涂料制备及性能研究[J]. 电镀与精饰，2014，36（8）：30-35.

[32] 孟晨鹏，王舜，张克军，等. 2-（5-氟尿嘧啶-1-乙酰基）氨基-1，5-戊二酸二甲酯手性异构体与双链/G-四链体 DNA 相互作用的电化学研究[J]. 化学学报，2011，69（10）：1173-1178.

[33] 尹萍，胡茂林，严小威，等. 四种 5-氟尿嘧啶二肽衍生物的合成、晶体结构和抗癌活性[J]. 化学学报，2008，66（14）：1693-1699.

[34] CHENG B，CAI X Q，MIAO Q，et al. . Selective Interactions between 5-fluorouracil Prodrug Enantiomers and DNA Investigated with Voltammetry and Molecular Docking Simulation[J]. International Journal of Electrochemical Science，2014，9（4）：1597-1607.

[35] 武汉大学. 分析化学[M]. 5 版. 北京：高等教育出版社，2007：1.

[36] LU W，CHEN J X，LIU M C，et al. Palladium-Catalyzed Decarboxylative Coupling of Isatoic Anhydrides with Arylboronic Acids[J]. Organic Letters，2011，13（22）：6114-6117.

[37] 郭丽，潘英，亢锐. 气相色谱-质谱联用仪的日常维护[J]. 计量与测试技术，2011，38（7）：4-5.

[38] 贾伟广. 基于核磁共振技术的海水盐度测量研究探讨[J]. 数字技术与应用，2010，30（12）：71-72.

[39] 郭婷，梁立，郑奕娜. 核磁共振波谱仪应用于本科实验教学的探索[J]. 广东化工，2018，（6）：1.

[40] 黄东雨，黄雪莲，卢雪华，等. 核磁共振技术在食品工业中的应用[J]. 食品研究与开发，2010，31（11）：220-223.

[41] LIU H X，WU H Y，LUO Z L，et al. Regioselectivity-reversed Asymmetric Aldol Reaction of 1，3-Dicarbonyl Compounds[J]. Chemistry-A European Journal，2012，18（38）：11899-11903.

[42] 朱琳. 扫描电子显微镜及其在材料科学中的应用[J]. 吉林化工学院学报，2007，24（2）：81-84.

[43] 王英姿，侯宪钦. 带能谱分析的扫描电子显微镜在材料分析中的应用[J]. 制造技术与机床，2007，（9）：80-83.

[44] 王蕾,靖丽丽,高春香,等.扫描电子显微镜在无机材料分析中的应用[J].当代化工,2007,36(3):318-320.

[45] 唐晓山.扫描电子显微镜在纳米材料研究中的应用[J].哈尔滨职业技术学院学报,2009,(4):121-123.

[46] 武开业.扫描电子显微镜原理及特点[J].科技信息,2010,(29):113.

[47] 王醒东,林中山,张立永,等.扫描电子显微镜的结构及对样品的制备[J].广州化工,2012,40(19):28-30.

[48] 江名喜.配合—水热氧化法合成锑掺杂二氧化锡纳米粉末及其吸波性能的研究[D].长沙:中南大学,2006:1.

[49] GONG M G,XIANG W D,HUANG J,et al. Facile Synthesis and Optical Properties of Ce:YAG Polycrystalline Ceramics with Different SiO2 Content[J]. RSC Advances,2015,5:75781-75786.

[50] 吴海.Pt基纳米材料的制备及其在甲醇燃料电池中的应用[D].苏州:苏州大学,2013:1.

[51] 余前英.地质样品中微量元素的高效测试方法[J].科学技术创新,2016,35(11):35-35.

[52] 陈青.生物质高温气流床气化合成气制备及优化研究[D].杭州:浙江大学,2012:1.

[53] 孙鹏,范丽慧,张保生,等.PM(2.5)中金属元素提取方法的对比研究[J].分析试验室,2015,(6):683-687.

[54] HUI F X,CHEN Q,CHENG H,et al. Selective Removal of Halides from Spent Zinc Sulfate Electrolyte by Diffusion Dialysis[J]. Journal of Membrane Science,2017,537:111-118.

[55] 江鹏.碳硼烷衍生物的合成与光学性质的研究[D].无锡:江南大学,2016:1.

[56] 章燕清.碳量子点的性能调控与应用[D].温州:温州大学,2013:1.

[57] ZHANG Y Q,MA D K,ZHUANG Y,et al. One-pot Synthesis of N-doped Carbon Dots with Tunable Luminescence Properties[J]. Journal of Materials Chemistry,2012,22(33):16714-16718.

[58] LIU Q C,MA D K,HU Y Y,et al. Various Bismuth Oxiodide Hierarchical Architectures:Alcohothermal-Controlled Synthesis,Photocatalytic Activities,and Adsorption Capabilities for Phosphate in Water[J]. ACS Applied Materials & Interfaces,2013,5(22):11927-11934.

[59] 孔少奇.基于水化学特征的王庄煤矿突水水源判别模型研究[D].太原:太原理工大学,2015:1.

[60] 代小华.火焰原子吸收分光光度计操作中的注意事项和常见故障的排除[J].环境与发展,2010,22(6):74-75.

[61] 刘爱丽,杜虹,宋茜茜.微波消解-火焰原子吸收光谱法测定不同品种柑橘中的6种微量元素[J].光谱实验室,2013,30(3):001174-001178.

[62] 刘洁,刘利娥,朱明君.Z-5000石墨炉原子吸收光谱法快速测定农村儿童血铅[J].河南预防医学杂志,2004,15(2):75-77.

[63] 刘利娥,刘洁,朱明君,等.Z-5000原子吸收光谱法检测血铅的方法学研究[J].中国卫生检验杂志,2004,14(5):528-530.

[64] 郭武学,叶明德,张乔,等.流动注射-氢化物发生原子吸收光谱法测定香烟接装纸中的痕量砷[J].分析科学学报,2007,23(5):613-615.

[65] 郭武学,张乔,叶明德,等.流动注射-氢化物发生-原子吸收光谱法测定香烟接装纸中的痕量铅[J].分析测试技术与仪器,2007,13(2):000110-113.

[66] 李可，邢铁增，邓艳龙，等，2016. 原子荧光光谱仪空心阴极灯灯电流、激发光强度及供电脉冲宽度的关系[J]. 物探化探计算技术，38（1）：103-107.

[67] 魏晶晶，朱亮. AFS-830 原子荧光光谱仪的常见故障及解决方法[J]. 新疆有色金属，2015（4）：77-78.

[68] 唐琼. 原子荧光光谱测定铜、锰、硒的方法研究[D]. 南宁：广西大学，2013：1.

[69] 谢小雪. 原子荧光联用技术测定环境样品中重金属的方法研究[D]. 温州：温州大学，2014：1.

[70] 谢小雪，叶明德，陈丹飞，等. 离子交换色谱-氢化物发生原子荧光法测定水产品中硒的形态[J]. 分析试验室，2014，33（2）：241-243.

[71] 谢小雪，冯楚楚，叶明德，等. 氢化物发生原子荧光光谱法与原子吸收光谱法测定硒和汞[J]. 光谱实验室，2013，30（6）：141-145.

[72] 宋沙沙. 表面活性剂水凝胶形成机理、刺激响应性质与应用研究[D]. 济南：山东大学，2015：1.

[73] 任冬雪. 用 Repeat Step-Scan DSC 方法对聚合物复杂热力学性质的研究[D]. 天津：天津大学，2008：1.

[74] 陈鹏源. 几种芳香族化合物共晶炸药的制备与理论研究[D]. 南京：南京理工大学，2017：1.

[75] 李炳蒙. 聚乙二醇基复合相变储能材料的研究[D]. 温州：温州大学，2018：1.

[76] 马礼敦. X 射线单晶体衍射仪[J]. 上海计量测试，2003，30（2）：46-50.

[77] 王昕炜. 四圆单晶衍射仪控制系统的研制与开发[D]. 武汉：中国地质大学，2007：1.

[78] 王哲明，严纯华. 单晶 X 射线衍射技术的进展评述[J]. 现代仪器与医疗，2001，（6）：1-8.

[79] 陈梦，高洁，季柳杨，等. 2，5-二（N-环己烷-N-环己胺甲酰基）氨基甲酰基噻吩的合成和晶体结构[J]. 温州大学学报（自然科学版），2013，34（1）：44-49.

[80] XIONG J，CAI X Q，YIN P，et al. Crystal Structure，Spectroscopic and Thermal Properties of 2-（toluene-4-sulfonylamino）-benzoic Acid[J]. Acta Physica Sinica，2007，23（8）：1183-1188.

[81] 刘仁明. 利用光谱技术研究 X-rays 与 Hep-2 细胞的相互作用[D]. 郑州：郑州大学，2007：1.

[82] ZHAO M，ZHANG L，LIU M，et al. Growth of Atomically Thin MoS2 Flakes on High-K Substrates by Chemical Vapor Deposition[J]. Journal of Materials Science，2018，53（6）：4262-4273.

[83] 周围. 基于微流控芯片的细胞内钙离子检测及细胞驱动技术的研究[D]. 天津：河北工业大学，2010：1.

[84] 任晓荣，孙腾. 日立 F-4500 型荧光分光光度计的调试及应用[J]. 实验室科学，2013，16（3）：190-192.

[85] 陶丽. 含硫席夫碱芳基钌配合物的合成、表征及性质研究[D]. 温州：温州大学，2017：1.

[86] YAN X W，XIE Y R，JIN Z M，et al. Three Arene-Ru（Ⅱ）Compounds of 2-halogen-5-aminopyridine：Synthesis，Characterization，Andcytotoxicity[J]. Applied Organometallic Chemistry，2017，e3923：1-8.

[87] 韩利平. 利用疟原虫全基因组数据和分子对接方法预测青蒿素的抗疟靶点[D]. 上海：复旦大学，2009：1.

[88] 张晨. 基于分子对接方法 Vina 及 IL bind 的相关性分析[D]. 上海：南开大学，2014：1.

[89] 薛晓怡，冯铁男，王群群，等. P311 蛋白与金属硫蛋白Ⅱ A 相互作用位点的计算机预测[J].

上海大学学报（自然科学版），2011，17（6）：728-733.
[90] 李美容，蔡晓庆，朱易峰，等. 5-氟尿嘧啶光敏性偶联衍生物的合成、表征及抗癌活性研究[J]. 化学学报，2011，69（4）：425-430.
[91] CHENG B，CAI X，MIAO Q，et al. Selective Interactions between 5-fluorouracil Prodrug Enantiomers and DNA Investigated with Voltammetry and Molecular Docking Simulation. [J]. International Journal of Electrochemical Science，2014，69（4）：1597-1607.

附录 A

400 MHz 中科牛津核磁共振波谱仪测试简介例

中科牛津核磁共振波谱仪（NMR）是由我国中国科学院武汉数学与物理研究所和牛津仪器科技有限公司联合研发的。牛津仪器科技有限公司是目前国内唯一能独立生产和销售的核磁生产制造企业。现在国内用户逐渐增多，在此对该波谱仪的具体应用操作做简要介绍。

中科牛津核磁共振波谱仪目前商品化的主要为 400 MHz（附图 A1），关于利用该仪器分析测试的研究意义以及实验准备过程在此不做赘述，仅对仪器上机操作做具体介绍。

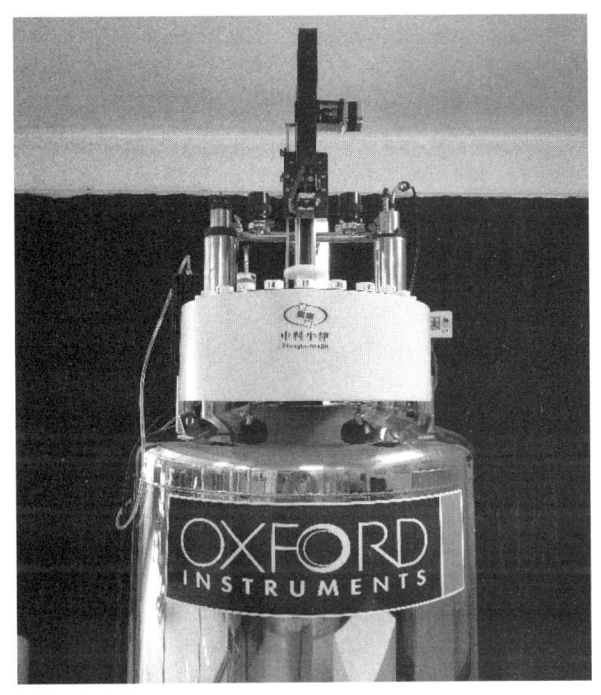

附图 A1　400 MHz 中科牛津核磁共振波谱仪

中科牛津核磁共振波谱仪上机的具体操作界面也分自动进样连续测试操作界面和手动进样测试操作界面两种。下面进行具体介绍。

A1　自动进样操作界面使用介绍

关于仪器的开机以及前期调试有相关专业人员负责，在仪器处于正常开机待测或测样状态时，进行自动进样连续测试界面添加待测样品的基本步骤如下：

（1）调出"Automation"的操作界面；

（2）在"Automation"的操作界面的"User"下拉菜单中选择"Chang User"，

登陆（课题组）相应账号（附图 A2），登录后数据自动匹配存在相应文件夹。具体账号、密码由相关管理人员设定。

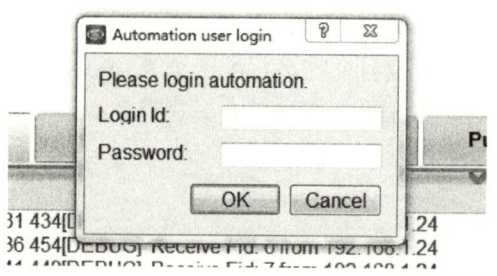

附图 A2　登录

（3）登录后，在自动进样器上预添加样品孔位放置待测样品。注意：样品由量规校正具体高度后方可放入。

（4）在自动进样界面的对话框中相应孔号位输入具体信息，如样品名称、氘代试剂种类等，然后在左下角选择点击"add"添加测样类型，如 H 谱、C 谱等。

（5）确认相关信息无误后点击"Star"提交，待测样品处于排队等待测试状态或直接测试状态即可（附图 A3）。

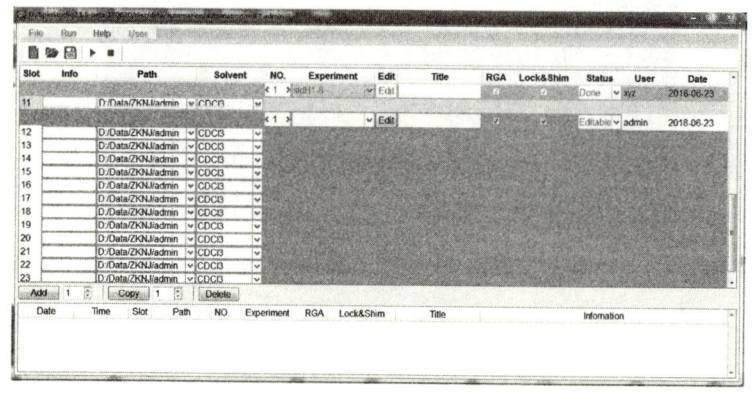

附图 A3　提交信息

A2　手动进样操作流程介绍

手动测样需要在仪器处于正常开机待测状态时进行，其具体步骤如下：

（1）新建实验。输入命令"cexp"，在弹出的对话框填相应的信息，如附图 A4 所示。

附图 A4　新建实验

（2）进样。先将待检测样品放在转盘上的第 N 号位上，再输 aij（N）命令进样。

（3）锁场。在命令行输入"alock"命令，当软件提示"autolock is over"，说明自动锁场已完成，如附图 A5 所示。

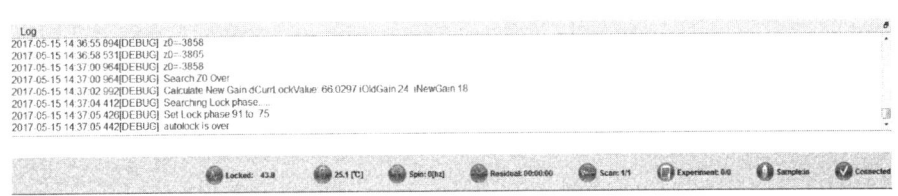

附图 A5　自动锁场完成

（4）调谐。输入命令"tune"弹出调谐对话框，然后按照以下方法进行调谐。

① 做 ^1H 谱或者同核二维谱时，只需调 ^1H。在调谐界面选择 Nucleus 为 ^1H，再分别去拧探头上 ^1H 的"Tune"和"Match"旋钮，两者配合直至把 ^1H 的 Tune 值调到最低。

② 做 ^{13}C 谱或者异核二维谱时，需先调 ^{13}C 再调 ^1H。先在调谐界面选择"Nucleus"为"^{13}C"，然后分别去拧探头上 X 的"Tune"和"Match"旋钮将 ^{13}C 的"Tune"值调到最低后，点击"stop"；再将"Nucleus"切成 ^1H，拧探头上 ^1H 的"Tune"和"Match"旋钮把 ^1H 调好，最后点击"Stop"后退出。

（5）匀场。在命令行输入"smartshim"命令，当软件提示"ShimStudio shimming is over"，说明自动匀场已完成，如附图 A6 所示。

附图 A6　自动匀场完成

（6）自动获取增益：在命令行输入"rga"命令，当软件提示"autogain is OK"，说明获取增益已完成，如附图 A7 所示。

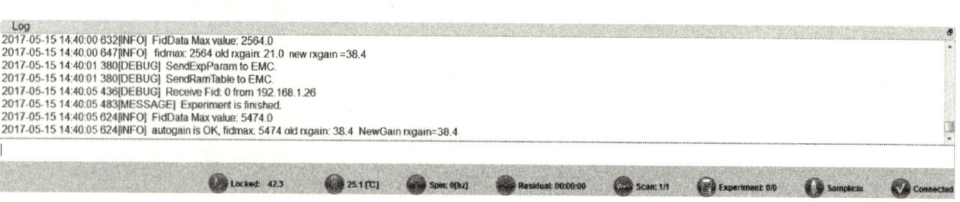

附图 A7　获取增益完成

（7）调整扫描次数。一般默认有扫描次数，也可根据样品浓度增加或减少扫描次数，需要改动时输入"ns = XX"即可，注意输入数值为 2^n。

（8）采样。在命令行输入"go"命令，当软件提示"Experiment is finished"，说明采样已完成，如附图 A8 所示。

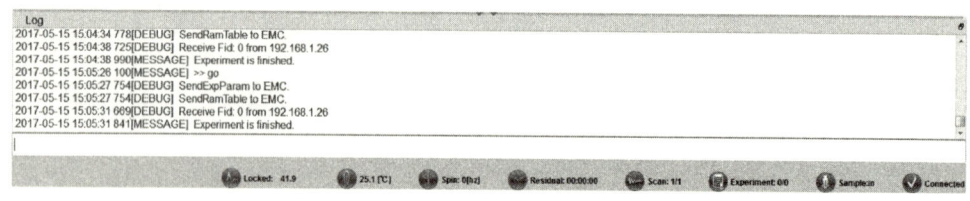

附图 A8　采样完成

（9）数据处理。采样完成后，在命令行输入"ft"命令进行傅里叶变换，接着输入命令"apk"进行相位校正。

附录 B

核磁数据分析处理软件简介

现核磁处理的主流软件为 Mestrelab Research SL 公司推出的 Mnova 软件,应用于核磁及 GC/LC-MS 数据的处理分析、预测、发表及数据的储存、检索以及管理等,具有功能强大健全、操作简便、人性化、处理结果准确美观等优势,为广大有机合成、天然产物及谱学分析工作者在个人电脑上高效处理和发表核磁及质谱数据提供方便。MestRe Nova 主要由 NMR、MS、NMR Predict Desktop、DB 4 个部分组成。目前已在全球绝大多数高等院校、科研院所以及药物、化学和化工等企业得到广泛的应用和高度认可。

Mnova NMR 兼容性好,可以处理 Bruker、Varian、JEOL、Gemini、Siemens、Nuts 等核磁数据,是在桌面处理、分析、预测和发表 1D 和 2D NMR 的最新软件工具,重点介绍多重峰分析和数据导出、分峰拟合和全谱去卷积分析(GSD)、定量、反应跟踪和动力学研究、扩散研究、谱图叠加处理及代谢谱图批处理分析功能等新功能。类 PPT 操作界面,同一窗口可浏览并处理多张谱图,提高工作效率,导出数据专业化,可以按照国外著名期刊要求格式导出数据,数据可直接用于文章的发表或论文的写作。另外还具有脚本撰写、自动排版、直接导入化学结构、谱图注释标记等功能与作用。

Mnova NMR 软件的结构及主要技术指标如下:

(1)软件窗口如附图 B1 所示,主要分为菜单栏、工具栏、图谱显示框、信息栏。

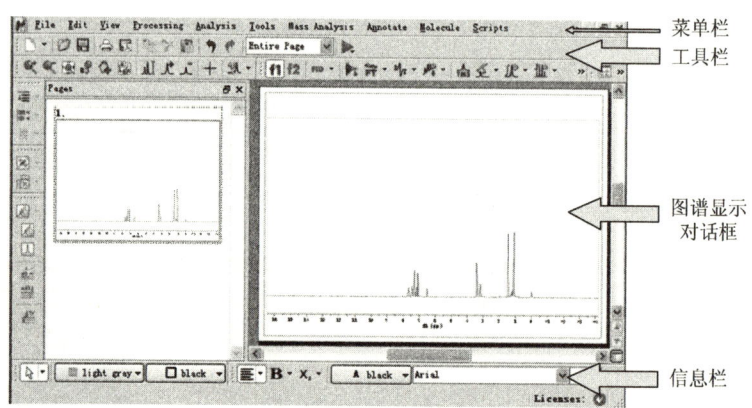

附图 B1　Mnova NMR 软件窗口

(2)技术指标。

① 菜单栏:主要通过使用菜单命令对图谱进行相关的操作,以及进行可视化设置;

② 工具栏:菜单中一些常用命令的快捷按钮;

③ 图谱显示对话框;

④ 信息栏：显示相关操作信息。

工具栏中与一维谱图处理有关的各图标释义简要归纳如附图 B2 所示。

附图 B2　图标释义

1. 放大谱图；2. 缩小谱图；3. 显示谱图全部；4. 手动输入数值放大谱图；
5. 放大谱图后，移到观察谱图的区域；6. 为谱图某个小区域做放大扩展图；7. 调整谱图的峰高至适合屏幕；
8. 增大峰强；9. 减小峰强；10. 准确显示谱图上某一点的信息；11. 裁减谱图（右边小箭头有可选项）；
12. 调出 FID 数据（右边小箭头有可选项）；13. 对 FID 数据进行傅里叶变换（右边小箭头有可选项）；
14. 调整相位（右边小箭头有可选项）；15. 调整基线（右边小箭头有可选项）；16. 化学位移标定；
17. 标化学位移（右边小箭头有可选项）；18. 积分（右边小箭头有可选项）；
19. 多重峰分析（右边小箭头有可选项）

关于利用 Mnova NMR 软件进行 1D 和 2D 数据处理的具体详细操作可以参阅关于该软件的具体使用手册，在此不展开详细介绍。